设计基础课程改革系列教材

设计形态

朱曦 夏寸草 编著

中国建筑工业出版社

图书在版编目（CIP）数据

设计形态/朱曦，夏寸草编著．—北京：中国建筑工业出版社，2009
（设计基础课程改革系列教材）
ISBN 978-7-112-11021-6

Ⅰ.设⋯　Ⅱ.①朱⋯②夏⋯　Ⅲ.设计学－高等学校－教材　Ⅳ.TB21

中国版本图书馆CIP数据核字（2009）第088609号

责任编辑：吴　绫　李东禧
责任设计：张政纲
责任校对：刘　钰　王雪竹

设计基础课程改革系列教材
设计形态
朱曦　夏寸草　编著
＊
中国建筑工业出版社出版、发行（北京西郊百万庄）
各地新华书店、建筑书店经销
北京嘉泰利德公司制版
北京建筑工业印刷厂印刷
＊
开本：787×1092毫米　1/16　印张：7$\frac{1}{2}$　字数：188千字
2009年8月第一版　2019年8月第四次印刷
定价：26.00元
ISBN 978-7-112-11021-6
（18266）

版权所有　翻印必究
如有印装质量问题，可寄本社退换
（邮政编码 100037）

序

设计教育发展到现在,有一些问题不得不让我们重新去思考:设计师的思维、方法、技能、修养如何落实到每一门课程的每一课时中,使每个学生通过有效的学习获得实际能力,以致解决理论和形式与实际操作的脱节、知识点与系统能力的分离、学生的知识和能力与进入社会就业的脱节现象?

带着这样的问题,我们把以往的素描、色彩、造型基础、色彩构成、平面构成、立体构成、表现技法、创意表现、设计基础等基础课程内容进行了分析,从以往的教学经验和积累中发现:纯技能的训练往往停留在形式感状态上,纯理论的讲授往往停留在文字概念的理解和认识上,单纯主题内容的训练往往停留在纯粹形式的探索上;技能类的课程一味追求技巧的娴熟掌握,方法类的课程偏重过程的进程和变换手法的把握,创意类的课程追求常规创作流程中的灵感深化挖掘等。现行的设计教育体系易形成理论、形式与实际操作缺乏紧密联系,知识点与系统能力分离,学生的知识、能力体系与就业的要求、实际能力偏离等现实结果。

由此,我们认为:设计师必须具备的每一方面的能力应该贯穿到每一门课程中,在侧重学习不同知识和提高能力的课程中,应该在每个课程内容中都有意识地训练和提升思维、方法、技能、修养四大块的素质与能力。通过各门课程内容中训练课题的实践性操作和学习积累,在亲身体验的实际操作中获得知识和能力同步发展。

有了鲜明的教学改革思路,我们在多次国际专家咨询委员会的交流和启发下,通过探索、实践和积累,在全新体制的学校里探索实践了五年,形成了具有实践意义的"设计基础课程改革系列教材",即《空间与造型》《设计形态》《设计色彩》《设计素描》《设计表现》。这五门课程的教学内容取代了以往的近九门课程,围绕设计师必须具备的基础知识和基本能力,既分解又集中地渗透到最基本的概念和主要元素中,从最易起步的认识和学习设计的角度逐步把学生引导到设计的门槛里。

在编辑和执行本套教材的过程中,我们始终围绕如下几点进行探索实践。

(1)针对刚进入设计类专业的学生的素质和能力,及设计师必须具备的素质和能力,以打好扎实基础和培养实践能力为目标。适用专业为:工业设计、环境艺术设计、会展设计、建筑设计、景观设计、公共艺术设计、舞美设计、空间设计、家具设计等。

（2）教学内容将必需的知识点、基本理论、方法和技能、鉴赏素养等融为实际案例和操作训练项目，通过作业的实践性训练，理解并掌握课程内容的基础理论、基本方法和基本技能。

（3）每个训练内容注重将知识点串联到训练课题中，在提高动手能力的基础上逐步提升设计师应该具有的素质和能力。

（4）注重从每个知识点和能力的角度看待设计专业的学习，及从设计师职业的角度看待每个知识点和能力的掌握。

（5）操作训练项目中充分挖掘和启发学生的兴趣点，引导和培养个性。

（6）在讲课、交流、启发、引导等形式的交叉下，使每个课时获得高效的教学效果，即：提高学生的个人能力。

上述内容是我们的探索实践思路，在成书的过程中仍然不断地产生出一些新的问题和想法。所以，成书的目的不是为了展示成果，而是以成书的形式方便大家共同围绕具体内容展开交流和讨论。愿我们的实践能给大家提供参考，并携手推进现代设计教育的改革之路。千里之行，始于足下。

张　同
于复旦大学上海视觉艺术学院

目录

序

第一章 进入形态的世界 ……………………………………………… 1
　　一、关于形态 ……………………………………………………… 1
　　二、寻找创造形态的灵感之源 …………………………………… 6
　　三、形态就是形与态 ……………………………………………… 11
　　四、课题训练 ……………………………………………………… 16

第二章 体验才能了解 ………………………………………………… 17
　　一、三维的概念 …………………………………………………… 17
　　二、形态的象征性 ………………………………………………… 23
　　三、形态的表达性 ………………………………………………… 28
　　四、课题训练 ……………………………………………………… 31

第三章 塑造方法 ……………………………………………………… 32
　　一、形态组织法则 ………………………………………………… 32
　　二、几种常用的方法 ……………………………………………… 45
　　三、塑造形态的材料和工艺 ……………………………………… 51
　　四、课题训练 ……………………………………………………… 59

第四章 线的勾勒 ……………………………………………………… 60
　　一、发现线条 ……………………………………………………… 61
　　二、几种不同的空间线条 ………………………………………… 66
　　三、用线条做什么 ………………………………………………… 72
　　四、课题训练 ……………………………………………………… 75

第五章　面的围合·· 78
一、面的特性·· 78
二、面的分类·· 82
三、面和空间的关系·· 86
四、课题训练·· 88

第六章　体的包裹·· 90
一、身边的形体··· 91
二、体的组合·· 95
三、体感的创造·· 102
四、课题训练··· 105

第七章　综合形态创作·· 107
一、构思与创作·· 107
二、形态和功能·· 110
三、课题训练··· 112

参考文献·· 113
后记·· 114

第一章　进入形态的世界

一、关于形态

1. 什么是形态

设计形态是艺术设计专业的一门重要基础课程。我们开始学习设计形态，首先要弄明白形态的概念和我们讨论的范畴。

那么，到底什么是形态呢？概括地讲，形态就是存在于空间中的一个形状或图像。这里所说的空间可以是真实的三维空间，也可以是虚拟的意识世界。实际上，人们对形态的认识和思考往往是从模糊的轮廓开始的。记得在我们小的时候，都会用蜡笔和纸开始描绘自己心中的小小世界，用一些简单的线条和纯粹的颜色勾勒出我们的亲人、朋友和喜爱的动物（图1-1）。这是小孩子最喜欢的表达方式之一，对他们而言，画在纸上的形态就是我们真实生活中存在的某个人或者某件事物。也许画面上的形态不够逼真，或者根本不像，但这都不算什么，重要的是它所代表的意义或者说具有的某种象征性。

这种对形态象征性的理解一直延续到我们长大。在田间架起稻草人，或是在雪地里堆起一个可爱的雪人（图1-2），这些不经意间所表达出来的象征手法让我们回到了对形态认知的起点。象征性正是形态的最重要的属性。但绝大多数情况下，作为成人的我们很难接受这种象征主义。毕加索的作品为何如此难以接受？因为作品丑陋吗？不是。我们不理解毕加索是因为他画的面孔不像我们所熟悉的脸。在我们成长过程中，接触了大量的具象事物，我们越来越习惯于事物的固有形态，不再改变。注意力往往集中在表象细节的发现，而忽略了内在本质的联系。于是，写实的形态对我们而言似乎比象征主义更为重要。

图1-1　在可爱而纯粹的儿童画中，我们可以体会形态的象征性

图1-2　稻草人和雪人的材料和表现手法不同，但都抓住了人的主要形态特征

其实，对于一个艺术家或设计师来说，发现和体验形态的本质和象征意义是更为重要的事。学习设计形态正是为了达到对形态本质的回归和创造新的形态。鉴于这个目的，我们要求设计初学者首先明确以下几个观点：

- 熟悉的形象并不是事物唯一的表达方式；
- 我们在观察事物的外在形态时，一定要探究它必然存在的内在结构；
- 常有一个试图改变的心，用新的形象来做试验，就像我们在长大成人的新生活中试验各种事物一样；
- 事物只是被用来作为各种形态的来源，在它基础上建立起来的形态已经有了新的含义，事物本来的意义已不是那么重要。

最后说明一点，本书中所讨论的形态主要是指三维范畴里的形态，这是因为我们涉及的是工业设计、建筑艺术设计、环境艺术设计、会展设计、演出空间艺术设计、园林景观设计、室内设计、家具设计等三维设计中的设计基础，所以我们以立体形态为重点讨论的对象。在后面的篇幅中不再一一赘述。

2. 认知形态才能创造形态

艺术设计的核心是创新。在设计形态的基础训练中，新形态创造能力尤为重要。而有能力创造形态首先要了解形态。要了解原始形态是怎么来的、它的基本结构和框架是怎样的、形态的美感在哪里。很好地认知形态才有可能创造形态。

在形态的认知过程中，观察和感悟是必不可少的两个阶段。通过观察不同形态间的差异，总结归纳不同形态变化的组合形式，就可以了解各种形态变化的规律，在满足功能需求的前提下不断掌握新的形式美感。观察的内容主要分为两个层次：一层是形态表象的感性认识，主要针对形状、材料、肌理、色彩和点、线、面、体等设计元素组成的表现形式，是客观认识的反映；还有一层是观察构成形态美感的形式法则，如比例与尺度、结构与功能、多样与统一、协调与对比、平衡与对称、主从与重点、过渡与传递、融合与连通、节奏与韵律等，这是人们主观认识的反映，是人们审美经验的总结。有了大量而细致的观察，才可能产生对形态的感悟（图1-3）。

感悟是艺术家和设计师对客观事物的体会和感受，是形态认识从感觉到知觉的过程，是从发现到调动自己知识储备参与认知的过程。在自然界或先辈们已创造的人造世界中，任何

第一章 进入形态的世界

变化丰富的、色彩光泽炫目的形态，都可以带来丰富的设计灵感。同样来源于海洋动物，设计师们因为关注点不同、经历不同、个性不同，会有不同的感悟。设计怪杰菲利普在海鲜餐厅中设计的榨汁机修长挺拔，形象中透露出力感，像一件艺术品，给人无尽的想象（图1-4）。而法国建筑师柯布西耶从观察蟹脚形的贝壳中受到启发并将此应用到朗香教堂的设计中去，无论是卷曲的屋顶、流畅的曲面墙壁，还是大小不一的门窗，都使整个建筑像一座解构重组的雕塑坐落在四周空旷的法国山丘上，极具美感，是对传统教堂设计形态的巨大突破（图1-5）。

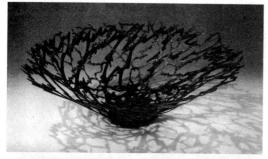

图1-3 好的形态设计往往来自于对自然形态的观察和对生活的热爱

图1-4 菲利普的榨汁机和一些原始草图

图1-5 勒·柯布西耶设计的朗香教堂具有形态的象征性

3

在形态认知中，观察和感悟缺一不可，相互不可替代。一瞥而过的观察只能发现表象的形式，没有感悟的观察是肤浅的；反过来，在没有更多更细致地观察前就到处感悟，那是空想，是不切实际。所以，观察一定要有数量，并且仔细，只有脚踏实地地观察才能获得更多的体会和感悟。特别是许多形态本身就一直在变化。如水的形态是多种多样的，随着观察的不断深入，各种各样新的造型被引发出来。如果能唤起心中储存的不同表象，把这些表象与我们的情绪进行交融，才能真正观察出水纹各种变化的美感，才会不断产生新的感受，变自然物象为心中意象，将观察上升到感悟（图1-6）。

3. 边想边做

对形态有了一定的认知，就要将主要的精力放在形态的创作工作上。对于创作形态的基础训练，最重要的一点就是加强动手，做到手脑并用，将视觉思考和动手实践结合起来。

通常我们习惯在纸上进行形态的草案设计，用素描、速写、草图等方式表现。但事实上，对于基础造型而言，建立在三度空间上的和谐关系才是要解决的主要矛盾，仅凭从平面到平面的设计过程很难把握最终设计效果，所以"边

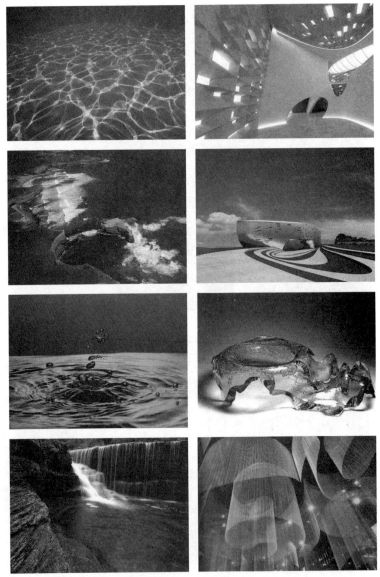

图1-6 从水的不同自然形态中感悟不同的设计形态

想边做"的立体思考的方式很重要（图1-7）。

立体思维是一种所见即所得的思维方式，学生们无需掌握太多的表现技巧。比如，传统训练中你开始总是用线条画一些简单的东西，而在三维形态基础训练时你可以用金属线来进行三维空间中的线条表现。平面草图需要有一定的绘画表现基础，而三维创作并不需要那么复杂。

劳伦斯·库贝曾说过："在不受其他影响干扰时，思考过程实际上是自动的、敏捷而冲动的。所以我们需要学会如何不干扰人类思维的内在本质。"可见，当思考服从于人类基本思想过程时最为有效，不仅需要看到，而且需要触摸到。立体思考和动手创作相结合可以直接而准确地传达设计元素、质地肌理、凹凸空间等立体造型信息的表达，使设计者的思维快捷、可变（图1-8）。

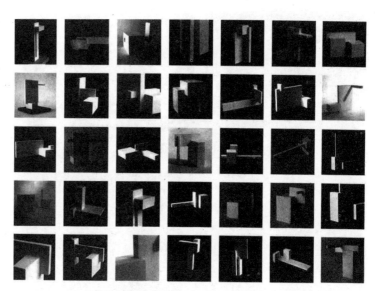

图1-7　快速搭建立体造型有助于设计师训练立体思考的能力

而且，立体思维强调了形态的完整性。如何处理面与面的转折关系常常是形态设计的瓶颈，尤其是汽车设计这类多采用弧线、曲面的大型产品设计，多曲线转折，对整体感的要求也很高，而且要引入对形态或空间过渡的考虑。几乎无法在二维图中体验真实的空间感。三维模型可以将形态整体和空间充分地展现在观者面前，而不是支离破碎的细节片断。

所以不管你有没有三维工作的经验，基础创作训练最好的办法就是边想边做。只有坚持不懈，由简单到复杂，不断地观察、感悟、思考和动手实践，才能创造出更多更美的新形态。

4. 制作草模很重要

在设计形态的基础训练或更高级的训练中，所有的感性体验都基于三维草模的制作。我们

 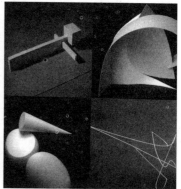

图1-8　立体形态训练最好的方式就是边想边做

可以使用各种各样的材料来快速表现模型，如黏土、纸、卡纸、发泡材料、电线、石膏等。快速成型很重要，这样你能制作出尽可能多的草模。这些草模主要表现整体与局部的框架关系，而不反映具体细节，甚至可以不表现材质和色彩。它们只要能反映对形态的直观视觉感受，以及形态之间的空间关系。

制作草模是最有意思的事情。在制作草模的时候，你不要受到束缚，套上太多的条条框框，而是尽情按你所喜欢的方式去做。让你的构思随意流动，让它们用三维的模型的形式展现

设计形态

图 1-9　用简单和廉价的材料做大量草模可以快速表现立体形态

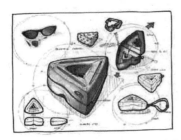

图 1-10　学会从各个角度画出三维形态的轮廓

当然在做草模的同时，二维草图也是不可或缺的。它可以使你从平、立、剖各个角度去观察你设计形态的比例与平衡关系。尝试从若干视角画出你的三维草模，记住眯着眼睛去观察，用较宽的线条画出你的形态的趋势，然后画出外部结构的完整形状。关注整体的形状，而不是局部细节。评估一下，是否外部形状的各个方向的力都应该是平衡的。所画的轮廓应该是一种抽象描述，而不是把你看到的东西全都准确地画下来。这种比例草图为你探索和改进三维草模提供了深化和改进的机会（图 1-10）。

在我们整个教程中，制作空间草模是一项非常重要的训练工作，可以让你探索各种形体的组合以及对空间的理解。通过这种方法，能够得到整体概念而无需受到材料的束缚。用你的空间草模建立总体张力关系，这种关系存在于各种设计元素之间。为了便于教学，我们对草模的尺寸要求一般控制在三维方向都不超过 30cm 的立体空间中。

出来。很多设计师喜欢做大量的小型形态草模。因为它们比较小，制作起来比较快，所以你可以制作更多的草模。将构思变成一个个实际存在的草模，你就不会轻易地把其中任何一个破坏掉。而是不断审视你所做的一切，估计一下设计草模的效果，然后再分析这些草模。尤其要将注意力集中在那些看起来最有趣、最令人激动的构思草模。也许并不能保证你能马上创造出一个完整的形态设计，然而一步步筛选，可以让你将目标定在最后的一至两个草模上，然后再用所学的形式法则去分析它们，最后达到你的形态构思，精炼完善你的设计描述（图 1-9）。

二、寻找创造形态的灵感之源

1. 形态的种类

通常，我们将世界中的形态分为自然形态和人造形态两大类。前者是自然界中本身存在的天造之物，包括有机形态（或称生物形态）

第一章　进入形态的世界

图 1-11　自然形态是形态创作的源泉

图 1-12　偶发形态有很强的动态和势能（自然界中的现象）

和无机形态等；后者是指人类创造的形态，是建筑、产品、工具、服饰、食品等各种再创作的形态的总和。下面我们选择几个具有典型性的形态概念，来分清它们的类别，了解它们的特点。

1）自然形态

自然形态是来自于自然界的形态，它们无处不在，造型最为丰富。形态是自然事物的固有属性之一，人们通过事物原始的形态来认知和联系自然。无论是高山、河流、沙土、矿石、星辰、云彩等无机形态，还是动物、植物、昆虫、微生物等有机形态（图1-11），其中所蕴藏的形式美感因素常常引起人们的注意，进而启发人们的创作灵感。所以，自然形态是艺术设计中其他形态的创作源泉。

2）偶发形态

偶发形态是指非常规的形态，它具有突发的特征。常常是动态形态的一个瞬间，或是剧烈运动后的一种结果。如自然中的雷电、飓风、火焰等现象（图1-12），或是人为的爆炸、打碎、撕裂等瞬间（图1-13）。正因为偶

图 1-13　偶发形态有很强的动态和势能（人为的瞬间）

然发生的特性，这类形态具有很强的动态和势能。你也许不可能复制出同样的偶发形态，但它可以被模仿，并作为一种新的形态来使用。

3）抽象形态

抽象形态是最常见的人造形态。从人类初期的象形文字开始，人们越来越习惯用抽象的方式来表达事物。抽象形态是从原始形态中"提

7

取"出来的。原始形态可以是自然形态，也可以是已经抽象的形态。这些原始形态可以被修改、简化、变形、扩大、半隐半现等，作任何变形，但其主题仍然可以被辨认出来。也就是说，形态的本质还在。"提炼要领、保存本质"是抽象形态的特征（图1-14）。

4）几何形态

有时我们会用圆形、方形和三角形等几何形态来创造某个自然形态的抽象形式。几何形态是最典型的人造形态，也是最彻底的抽象形态。常常比自然界中的形态更精确、更平滑。人们所总结的尺寸和比例等形式法则可以毫无保留地运用在几何形态上。最常见的建筑物、工业产品通常大都由几何形态设计而成（图1-15）。

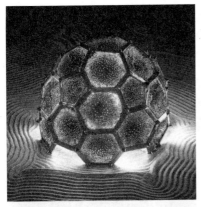

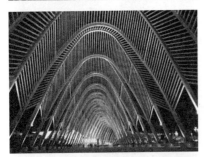

图1-14 形态各异的抽象形态

图1-15 最简洁的几何形态

5）非具象形态

如果我们放大原始形态的其中一个部分，或是将形态的结构打散了，用另外的方式重组。那么，原始形态不会再被认出，只是产生了某种奇怪的造型。这些新的形态通常被称为发现的或找到的非具象形态。从中不能辨认出任何物体或符号，原始形态的本质已不复存在，这就是非具象形态和抽象形态最重要的区别。要注意的是，创造非具象形态的方式是很自由，可以让学生尽情发挥（图1-16）。

知道不同形态的名称有助于我们更准确地用言语表述我们的三维创作工作，并使我们听起来更专业。它会帮助我们在阅读形态作品的时候理解相关的事物以及设计师的用意。当然，对于三维形态设计的基础训练来说，了解以下的形态概念也是非常重要的。它们是：外部形式和内部形式、正负形态等。

2. 形态的外部和内部

我们在讨论和创作形态时，通常比较重视形态外部造型和结构。但事实上，形态同时也可能揭示一种内部形式和结构，形态的内部同样值得关注。对两者之间的关系进行比较可能是审美体验的一个重要部分。同时研究形态的外部和内部，这也是我们学习三维设计的学生一开始就要确立的形态课题。

形态的外部和内部并不是相互孤立的，而是一个完整的整体。两者只是观者观察的角度不同。在很多情况中，一件中空的形态，它的内在形式就是外在形式的反转。有凸出的外部形态，同时也有凹进的内部形态。在现代建筑中，玻璃墙面可能允许我们看到内部形式，诸如包容在建筑之内的梁柱结构和家具设备，建筑师在设计作品时就一定要注意形态外部和内部的协调性（图1-17）。这

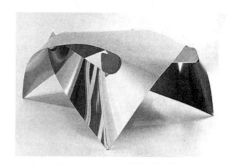

图1-16　自由多变的非具象形态

图1-17　现代建筑充分利用透明材质，同时显现内部形态和外部形态的魅力

种内外协调的形态效果也经常表现于一些内外透空的工艺品和艺术雕塑之中。这些三维作品的外部形式，或者包含着可视的孔穴，或者本身就是透明的（图1-18）。

艺术家和设计师常常通过对比或者相容的手法来表现外部形式和内部形式之间的相互关系。在一些形态作品中，我们会把内部形式和外部形式进行比较。还有些作品呈现出一种外在形式，这是空心的，包含着一个看不见的内在形式。这里可能有一种向外膨胀的力量感，这种力量通过来自内部的压力迫使作品壁面形成外在形状。这些在家具、珠宝首饰、面具设计中都有很好的显示。如果能透过形态的外部可以隐约发现内在的局部形式，这种感觉常常是令人兴奋和值得期待的。这种由表及里的形态表现手法在现代包装设计中广泛使用。2008年岁末ABSOLUT VODKA绝对伏特加以华丽魅惑的假面舞会为设计灵感，推出了全新超酷的MASQUERADE限量包装。MASQUERADE加入了突破性的酒瓶包装设计理念，包装周身遍布着红色珠片，闪耀着夺目的光芒。但无论外包装怎么绚丽，也难以掩盖绝对伏特加经典的瓶身造型，高贵中仍让人一目了然。这正是设计的高明之处（图1-19）。

图1-18 Georgios Maridakis设计的这款灯就像一个鸟笼一样，不过它的里面装的可不是鸟而是灯泡哦

图1-19 ABSOLUT VODKA绝对伏特加的MASQUERADE限量包装，仿佛为瓶身量身定制了一件华丽的假面舞会礼服，光彩夺目

3. 正形和负形

在三维形态设计中，因为形态的体量存在，产生的一组两极对立的形态界定。一是正形，即占据空间的固体形态部分，它是一种实在的肯定形态；还有就是负形或虚空，即由正形包围或勾画出来的空间形状，它是具有暗示性的形态。图 1-20 的沙发设计就是很好地表现正负形的例子。当合并的时候，这是一个完整的形态；当中间部分移开时，所产生的负形就给人们很强的暗示，让人很乐于参与其中，舒适地坐在三面环抱的沙发形态中。

虽然负形实际上是由虚空的空间构成，但在许多三维设计中，虚空间的作用甚至比形态的正形还要重要。尤其是建筑，形态的实体更多地起到了展示及界定的作用，真正给人们提供使用价值的是建筑的虚空间，是负形。当然，虚空间是由实体划分出来的，没有了实体就没有了虚空间的界线，也就失去了存在的意义。所以，两者是相辅相成，不可分割的（图 1-21）。

就像平面版式设计中的留白，对空白和负空间分寸的把握是很难的，学生可能需要花很长时间来训练，才能逐渐积累经验。所以从现在开始，我们在塑造形态正形的同时，要有意识地关注负形的存在。

三、形态就是形与态

1. 形的构成

形，即形式，是形态的外壳，是一个物理概念，看得见、摸得着，是设计师与大众沟通的桥梁。研究形的构成可以培养对三维形态的敏感，促进形和态、形式和内涵很好地结合。

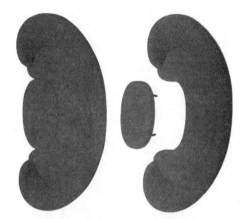

图 1-20　正负形绝妙配合的沙发设计

图 1-21　建筑的负形才是人们使用的空间，要注意虚空间的流动性

形的构成一般由三部分组成,一是材料和质地,二是造型元素和其组成方式,三是结构和工艺技术。形是以上三部分内容的综合外在体现。形式所依附的外表是材料。材质是形态设计的物化内容,任何设计都需要通过材料得以表达。材料的质感、肌理的变化,以及材料的色彩,都会创造出独特的形式美感。

不同的形式是由不同的造型元素组成的。点、线、面和体等不同的造型元素具有不同的特性,我们会在以后的章节中具体展开。但就算是相同的造型元素,因为组合方式的不同或创造开拓的程度不同,也会得到不同的形态结果。例如儿童玩的积木,各种形状的积木就是造型元素,不同方式的组合,可以创造出儿童感兴趣的城堡和动物。其实,越简单越常用的造型元素越能启发人们的想象力,给了艺术家和设计师更多的创造空间(图1-22)。

现代科技的发展,可以让人们多角度、多层次、多维度探讨创造新形态的可能性。技术和结构的变革为新形式的产生提供了机会。法拉第发明了电动机,建立新的动力结构形式,使手工艺的形态基础受到了动摇。围绕着电能设计出更多的电器产品、电动生产工具和交通工具,这些产品和工具又创造出更多更新的形式。

尤其是建筑设计和产品设计,因为内在结构和材料特性的影响可以设计出不同的形式。同时,结构是功能的载体,不同的功能通过不同结构来体现。所以某种意义上说,形式又是功能的体现。功能主义流派所奉行的口号——"功能决定形式",也是不无道理的。椅子的形式最能体现功能的重要。功能本身构成了椅子的结构方式,结构方式同时也体现了椅子的形式。曲木家具改变了以前榫卯结构的方式,板式家具的出现是与现代金属材料的连接件分不开的。由于连接坚固、组合方便使板式家具创造出众多的家具形式。近期又出现了可以连接玻璃的连接件,使玻璃和板材结合起来,创造出这两种材料共有的新形式,是别的材料无法比拟的。由此可见,结构、材料、技术都是形式变化的重要因素,关注材料和技术的发展,可以触发我们的设计灵感,创造出更多的形式变化(图1-23)。

图1-22 简单的元素通过不同的组合方式,一样富有创造力

第一章　进入形态的世界

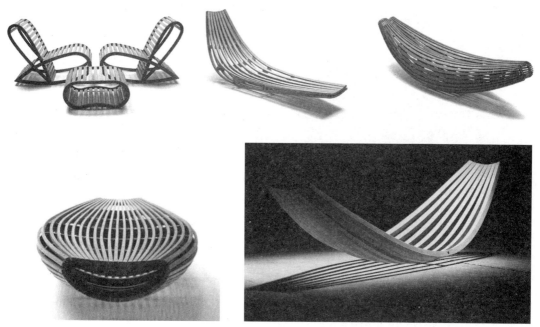

图 1-23　时尚简约的木条家具显示了材料和科技在形态塑造时的重要性

2. 态的情感

态，是形态的内涵，是形态对于人们情感的反应，是一个心理概念。情感是人对客观事物的一种态度，表现出对客观事物的好恶倾向。不同的情感可以产生不同的心理变化和表现。情感的介入可以带来感悟形式的动力。人们通过对形态的观察可以唤醒生活中的感受，找到自己的审美观念与形态的对应，从而产生积极或消极的情感。进一步唤醒储存在脑海里的潜意识，引发创作心态，增加对形态的敏感性，从而产生突破原有形态的欲望，创造出新的形式。

态的情感反应也是有层次的。第一层是知觉，主要是通过视觉和触觉所直接体会到的感受，例如可清晰分辨的不同色彩、使用不同材质所表现出的不同软硬手感（图 1-24）。第二层是通感和联想，是指在观察形态过程中，人

图 1-24　不同的材质和色彩有不同的感受

13

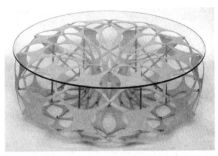

图 1-25　抽象的形态让人充满联想

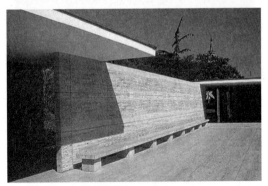

图 1-26　密斯设计的巴塞罗那世博会德国馆像一本安静的书，引导人们一步步阅读

们在知觉的基础上，有相关或相似情感的联系和想象。这部分情感反应和人类长期经历所积累的惯性思维有很大的关系（图 1-25）。第三层是完整的情感思考。尤其是一些功能性的建筑，如巴塞罗那世博会德国馆，密斯设计整个形态时都考虑到给人提供了一个完整的思考过程。从远处到近处，从外部到内部，从建筑到家具，都给人最强烈的情感交流，有重点有过渡，有平缓有高潮（图 1-26）。

常见的形态和它们的通感联想有以下几种。

（1）直线。被一个力量驱使，并沿着力的方向运动。坚定、执着和一往无前是直线的基本个性，由此派生出坚硬、挺拔、规范甚至呆板等其他感觉。

（2）曲线。是具有生命力和自然灵性的线条，各种曲线丰富多变，有开放、流动和自由的感觉。

（3）正方形。大地的象征，四个角和四条边都相等，形成规则的秩序，有永恒、安全和平衡的感觉。

（4）三角形。是最强烈和多变的形态。正三角形是男性与太阳的标志，象征着神性、火、生命、升华和繁荣；倒三角则是女性、水、繁衍和不稳定的象征。

（5）圆形。曲线的完美闭合，是完整、圆满和统一的象征，代表形体内部协调一致、亲密无间。

（6）椭圆形。是张力与包容的和谐统一，具有崇高纯洁的含义，同时有诞生和酝酿爆发的感觉。

3. 形与态的完美结合

形与态，形式是外表，内涵是核心。两者相互作用，相互融合。黑格尔在《美学》中指出:"美的要点可以分为两部分:一是内在的,即内涵;另一种是外在的,即内涵借以显出意蕴和特性的东西。"黑格尔指出了美的内容和形式的关系:内容是历史文化和人类审美意识的积淀,形式是反映这些内容的组织形式,包括色彩、点线面、形体和塑造法则,也就是黑格尔所说的"内容借以显出意蕴和特性的东西"。设计是通过形式传达出所蕴含的文化内涵,形式成了传达内容的载体。举个通俗易懂的例子:头发可以设计成很多样式,板寸、直发、卷发、爆炸式等,不同的发型实际上是不同人气质内涵的外在形式表达。不同的发型形成不同性格、不同背景人的表征,他们的个性特点和不同社会属性通过发型便能显示出来。再如图1-27中所示的雨伞设计,设计师将"雨伞的打开——玫瑰的绽放——女性的心花怒放"等一系列的感觉和内外美感同时表现出来,获得了完美的效果。

人类在创造美的活动中不断研究形式和内涵,以及人们情感反应的联系,总结出各种形式塑造法则指导审美实践。形式美的法则随时代的发展不断创新,逐渐成为表达特定审美内容的表现方法。如:单纯齐一、对称均衡、调和与对比、比例、节奏韵律、多样统一等。单纯齐一是最简单的形式美感,指单纯中见不到明显的差异,追求整齐划一的形式美;对称平衡是指在差异中保持一致;调和对比是指在差异中求同,对比是在差异中求异;比例是指事物间整体与局部的关系,局部之间的关系的匀称;节奏韵律指形态的有秩序的连续和节奏;多样统一是形式美的高级形式,是在变化中追求统一的手段,多样统一体现生活、自然界中对立统一的规律。这些形态塑造法则被广泛应用到三维设计的各专业中,形成各专业的特定

图1-27 rosella folding umbrella
玫瑰折叠伞散发出女性的柔美气质

形式语言。产品专业更多地表现为形式和功能的完美结合,体现界面的协调和变化,关注使用时的情感舒适;室内设计专业更多注意了空间序列的变化和空间感,体现了空间的开敞与封闭,空间的大小与收放自如,所研究的是室内空间和室内环境的融合。由于研究目标不同,研究的侧重点也就不同(图1-28)。

设计形态

图 1-28　功能和美感、形式和文化完美结合的概念车设计

四、课题训练

1. 我形我秀

收集自己喜爱的形态,并用图像的方式表达出来。

要求:不少于 20 个形态,用照片和草图的形式从各个角度充分展示形态的特别之处和让你感动的原因。

2. 对立的形态

寻找并分析分别体现两个对立的感性命题的形态,如男和女,疾和缓,柔和坚,重和轻等。

要求:先确定对立的主题,再寻找表现对立性的相关形态,分析各自的特性,将两者的差别充分表达出来,形态的数量不少于 10 个。

第二章 体验才能了解

一、三维的概念

1. 二维和三维之间的形态转换

形态的三维性是指形态的定位和度量在长度和宽度两个平面坐标的基础上,增加了第三个维度——高度,从而使形态能向三维坐标立体发展。这是几何学上的定义,但对于创作立体形态的设计学生来说,要真正了解形态的三维性,必须置身其中,切身体验才行。

先来做个简单的形态实验:将一张纸随意揉皱,然后慢慢地去观察它。这需要用你的眼睛全方位地认真研究它。把它放在展平的手掌上,慢慢转动。注意它随着观察角度的变化而不断变化的形态,注意它与光源的关系。你会发现,那张被弄皱的纸,具有无穷的魅力。你会看到并感受纸张皱起来的种种形态以及这些形态界定的空间在不断变化。每个凸起、凹陷和褶痕都有不同的明暗层次。如果将它归整、简化,就可以创造出一系列全新而多变的形态(图2-1)。

这个看起来很简单的练习将帮助你开启对三维艺术纯粹欣赏性的体验。实际上,三维艺术的体验在我们的身边和书中比比皆是,但我们并不能完全意识到。想象一下著名建筑师弗兰克·盖里设计的西班牙毕尔巴鄂的古根海姆博物馆(图2-2)。从内维隆河北岸眺望,建筑由一群外覆钛合金板的不规则双曲面体量组合而成。邻水的北侧,较长的横向波动的3层展厅呼应了河水的水平流动感,并主导了形态的

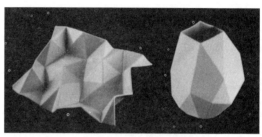

图2-1 从皱纸启发的一套餐具形态设计

图2-2 由复杂曲面组成的古根海姆博物馆

动势。整个建筑像流动的乐章,奏出令人瞠目结舌的声响。每个立面、每个角度都是形态各异的双曲面体,在阳光的照射下,建筑的各个表面都会产生不断变动的光影效果,避免了大尺度建筑在北向的沉闷感。可以说,盖里的古

设计形态

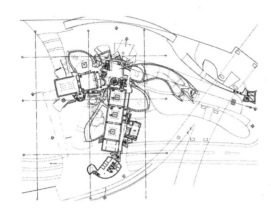

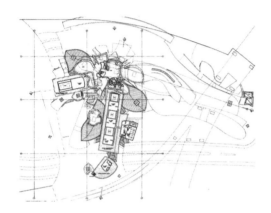

图 2-3　古根海姆博物馆的平面图

根海姆博物馆是建筑史上最为大胆和复杂的三维形态尝试之一。

三维体验再复杂,也可以转换为二维的形态表现出来。关于形态,最常用的二维表现方式,主要有平面图纸和照片等。通过观看图纸和照片,你可以想象自己进入了三维空间中去体会立体形态,因为我们每个人都拥有很强的推断三维形体的能力。当然,有很多因素是无法确定的,没有一张图纸和照片能够真正表现立体形态或三维空间的真实体验。因为毕竟在视觉上少了一个深度的感受,图纸和照片中的阴影只是深度的模拟,没有真实感,更何况二维表现是没有触觉上的体验的。

但无论如何,二维图纸和照片是最简便有效的形态表达方式。它们能很好地体现设计师对形态的功能布局和立面计划。并且通过图纸和照片能快速规范地将设计意图传递给其他的工程师或制造者。所以,二维图纸和照片表现是设计师最惯用的形态表现手法(图 2-3)。

从二维转换到三维,再从三维转换到二维,不时地在两个频道之间切换,并最终寻求两者默契的平衡点,这正是三维设计师必须要掌握的重要能力(图 2-4)。

 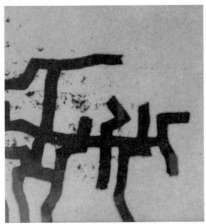 

图 2-4　雕塑家在二维和三维的形态转换中寻找新的灵感

2. 三维形态的度量

在我们的身边，三维形态的范畴是非常广的。有些形态可以把玩于手掌之中，感受到它的重量，抚摸它；有些形态平面展开，让人们顺着形态的轮廓端详它的外表；还有些形态也可以把成千上万人包容其中，让人在它周围走动，从各个角度观看，并探索它的通道。总结各种形态的性质和度量，我们大致将三维形态分为偏平面的形态、圆雕般的形态和可穿越的形态三类。

1）偏平面的形态

偏平面的形态，最容易想到的就是浮雕作品。浮雕最浅薄的形式被称为浅浮雕，或低浮雕。虽然对于低浮雕，很多人都很难说清它的界定，但一致的看法是一种形态具有相对的平面性。在许多低浮雕作品中，形态几乎没有从雕刻的平面上凸起，而是利用光和阴影的微妙变化来创造形态的轮廓和细节。学生可以通过简单的纸张折叠来体会光影效果对形态的影响（图2-5）。与低浮雕相对应的高浮雕，就是指形态更充分地脱离平面，达到一种近乎雕塑的效果。

偏平面的形态并不限于这样的具象还是抽象，也不限于用相同的材料还是不同的材料，更不限于雕刻或是铸造而成。度量偏平面形态的核心问题是形态主要以满足从正面观看的要求而安排的。我们可以在一定程度上平移视线，或围绕这些作品走动，但形态的本质是偏平面的。

许多工业产品或珠宝首饰具有这种性质：一切视觉兴趣集中于正面一侧，背面只是很简单地加工一下。不是围绕整件形态转一圈，或将它转来转去，观看它的轮廓如何变化。观者像对待一件平面作品那样，习惯于从一边到另一边来端详它，注视界面上各种图样的相互作

图2-5 用硬卡纸折叠出的浅浮雕效果

设计形态

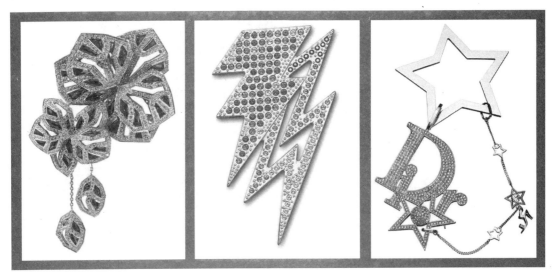

图 2-6　偏平面形态的珠宝首饰设计

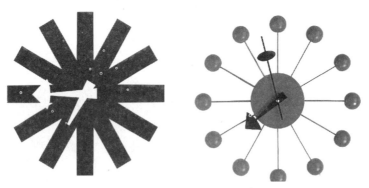

图 2-7　偏平面形态的产品造型设计

图 2-8　偏平面的大型场景和建筑形态

用（图 2-6、图 2-7）。

有些偏平面的形态作品相当大，比如一些大的景观或建筑设计。可以退后以便从远处观看整件作品；也可以从空中俯视；或者让观者沿着它们走动，审视每一个部分，观察每个视角下光影和形态细节的变化（图 2-8）。还有些形态作品，其基础平面开始弯曲，观察角度从正面向两侧延伸，从而有了更丰富的变化，逐步发展成更为立体的圆雕般的形态。

2）圆雕般的形态

与浮雕和偏平面的形态形成对比，做成"圆雕般"的形态作品是预设从周围各个方位进行立体地观看。圆雕般的形态，不是像二维的作品那样将所有的空间关系都安排在一个平面上，而是使其中各个部分的安排都考虑到它们彼此间不断变化的关系。如果是成功的作品，它们应该促使我们想在它们周围走动，去发现当从不同角度观看时它们的形式和各种关系是如何变化的。无论这些作品大小如何，或是怎样形成的，"圆雕"这个三维术语，适用于任何意义上的三维作品。我们身边大多数的形态作品是圆雕作品（图2-9）。

3）可穿越的形态

三维形态中还有一种形式就是可穿越的作品。在这些作品中，观者可以经历一种被形态作品包围着的感受和体验。不仅是走近作品，绕它而行，而且还走到它里面。我们会成为作品中心的一部分。有时，观者会感觉不是我们在作品的周边环绕，而是作品环绕着我们。这种被360°所包围的体验，让人有不断发现和探索新事物的冲动。这种感觉要表现在一张图片中是不可能的，必须运用我们的想象力把自己置于图画表达之外的空间环境中。如图2-10所示的雕塑作品，形态会引导观者近距离观看，甚至希望在它们中间走动，注视它们相互间变动的关系，从而对作品的幽默感作出反应。这种共鸣让我们完全融入其中，而不是简单地站一边做一个被动的旁观者。

对一种穿越而过的体验而言，作品的尺寸一般来说是比较大的，大得足以让人们适合走

图2-9 圆雕般的形态

设计形态

图2-10 可穿越的雕塑作品

到里面去。建筑和桥梁都是可穿越的大型形态作品（图2-11）。其主要的功能就是让人们在形态的内部通过、停留、攀登和活动。每一活动都会改变你的观察角度，会使你与建筑和室内空间的关系发生变化，这种变化丰富了在建筑环境中的体验。根据建筑师或设计师的意图，形态还可以控制人们穿过作品的方式。建筑经常有明确的通道——如大厅、门道和楼梯，这限制着我们能够穿过其内部空间的方式。仔细观察，好的建筑形态设计，其控制的方式也是令人愉快的。

图2-11 可穿越的大型形态

图 2-12　由自然美的形式创造出新的形式

二、形态的象征性

1. 自然界是形态创意的源泉

正如第一章中所提到的，自然界是我们创造新形态的源泉。自然形态中蕴藏着丰富的形式美感因素，对称变化的形式、变化的肌理、鲜艳的色彩、千姿百态的形态都能唤起人们的美感，使我们从自然形态中学到丰富的形式美的规律。对自然形态观察的目的是为了发现和感悟自然形态中所蕴藏的形式美感，掌握自然形态的形式规律，激发创造的灵感。研究自然形态的形状、色彩、质感与内在结构的联系，探讨自然美的形式与人的性格和品格的联系，创造出新的形式（图 2-12）。

自然形态的形式美在创造美的过程中占有特别重要的地位。不同形态的自然美可以唤起艺术家和设计师不同的审美感受，引发创作美的激情，从而创造出丰富的艺术作品（图 2-13）。不论是路边的小草叶子，还是空中飞舞的蒲公英种子，抑或是笔直参天的大树，都是物种千百年进化的完美结果。就算是相同的自然物，如山石，因气候、地质活动、环境变化等的影响，也是南山北石，形态各有千秋。中国古代画家

图 2-13　创作激情源于自然

所强调的"吾师心，心师目，目师华山"，就是指要观察自然，以自然为师，要身临其境，师法自然。学习自然形态的丰富语言和独特的形式组合，深入了解自然形态的组织变化规律（图 2-14）。

形式美规律所体现出来的主次、平衡、对称、节奏、韵律等是人对自然形态形式美的综合认识后的反映，也是人在生产活动中概括总结出来的，任何形式都是在此规律上的重新组合。

图 2-14 艺术家 Andy Goldsworthy 感悟自然的形态创作

图 2-15 毕加索"牛"的抽象系列

2. 从具象到抽象是创造形态的必经之路

佩布罗·毕加索曾经说过:"没有绝对抽象的艺术——你总得从某个具体的东西入手"。

绝大多数形态的艺术创作都来源于生活,但并不局限于生活,而是通过提炼、整合,上升到新的创作美学。造型设计从自然形态逐步向几何形态转化的过程,是人的认知逐渐发展的结果。

形态创作的发展常常经过以下几个阶段。

(1)模仿形态阶段。

(2)抽象形态阶段。

(3)几何形态与符号形态阶段。

模仿是一种形态再现的过程,作品通过精确复制我们熟悉的形式而吸引我们的注意,这类形态作品是最容易识别的,常常带来直接的美感。再进一步,就要从自然具象形态中寻找美学规律,从具象形态中发现抽象,通过对大自然的形式美法则的认识,不断将形态进行抽象,使形态向简洁的几何形态转化,逐步形成大家共同认可的符号形态。

从毕加索"牛"的抽象系列(图 2-15)和蒙德里安"树"的抽象系列(图 2-16)的变化中,可以看出从自然的模仿到抽象再到象征的几何形态发展过程,可以概括出先是自然给予的启示,然后根据物体本身的结构以及艺

第二章 体验才能了解

术家对构成因素的认知,创造新形态的过程,是艺术家从感性认识到理性认识的过程。请注意,在这个过程中起主导作用的是艺术家的艺术观念。由于艺术观念不同导致毕加索和蒙德里安对抽象的认知各不相同:毕加索将牛的形象进行抽象和几何化,最后的结果还是牛的形态;蒙德里安最后将树抽象成符号,这个符号已脱离树的形态了。

图 2-16 蒙德里安"树"的抽象系列

在产品设计、建筑设计等现代设计中,由于要考虑加工技术和材料的限制,促使形态向便于加工的抽象形态转化,将抽象的形态逐渐演变成便于加工的几何形体,最后变为一种符号固定下来。这时的几何化符号已远离原型,而是自成体系、独立发展。在发展中逐渐加进人们的观念和对美的形式认知,变成一种形式符号的组合,所形成的形式符号成为人们承载信息的代用品(图 2-17)。

3. 抓住事物的主要特征

来看一下抽象的手法:只保留形态的少数特征,略去表象的东西,使人们运用自己的想象力把这种高度简化的形式与他们所知道的更具体的对象联系起来。这种简化形态的技法被称为抽象。解读形态的抽象过程,可以发现关键是能抓住事物的主要特征。抓住主要特征,就是要忽略或简化细节,而专注于一个形态最纯粹的本质。著名的产品设计师 Philip Starck 很善于抓住原形的主要特征,

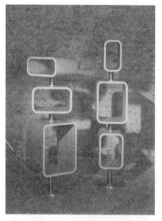

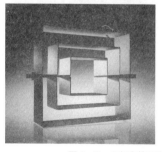

图 2-17 几何和符号形态是现代设计中的主要形态

并将其充分地运用在卫浴产品形态的创作中。两条汇聚一起的河流,正是水龙头最好的功能写照(图 2-18)。而古老的取水工具和盛水容器,是现代产品最简洁的形态表达(图 2-19)。

设计形态

图 2-18 从汇聚的山川联想形态

图 2-19 从古老的形态中寻找简化的形态特征

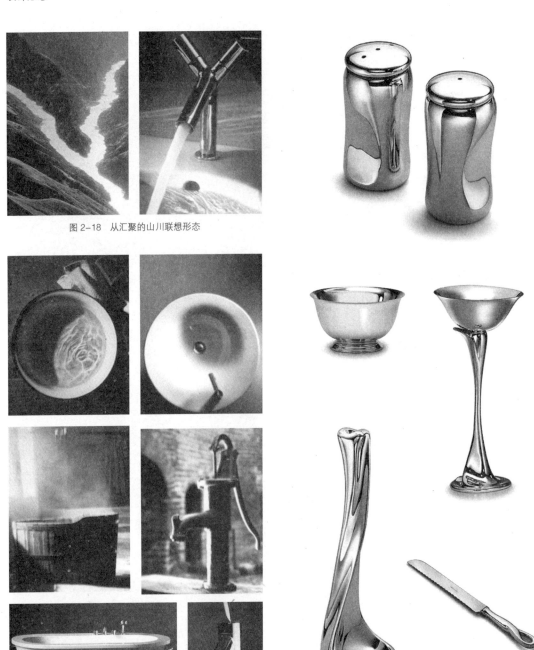

图 2-20 用金属材料表达柔性形态的餐具设计

4. 风格和个性

形态的风格化,是指形态抽象和简化的创作过程中,渐渐赋予了一种特定的风格,并将这种特定的设计特征加以强调,形成系列形态特征的再现。如图 2-20 所示,本来金属的材质是坚硬和冷漠的,但在形体塑造时,表现并强化了柔软的形态特征。这种对比成为一种风格,延伸到餐具的系列形态设计中。当形态的风格和特征超出

第二章 体验才能了解

图 2-21 个性的 St. Loup 临时教堂

人们常规的想象范畴，形态就有了自己的个性。超常规越多，共性越少，个性也就越强。图 2-21 中所示的 St. Loup 临时教堂位于瑞士的一个小镇。因为原来的教堂要进行修缮，这个临时教堂也就使用两年左右的时间。正是因为临时，设计师大胆创新出完全不同常规的教堂形式。建筑采用了木结构，是设计师从折纸中获取的灵感，这样的形状既节省材料，也不需要其他支撑的框架。

艺术家和设计师喜欢将形态风格化或个性化。因为风格化或个性化能激发观者好奇心，引起他们的回忆、想象和理解，从而使形态作品产生更多的意义。

图 2-22 扭曲的书架

三、形态的表达性

1. 形态也是一种语言

这里要说的语言表达，并不是指我们日常生活中所常用的口头说明或创作的书面陈述。当然这些陈述也非常有用，有助于吸引人们的注意。特别是实用性设计，例如室内设计、景观设计和工业产品设计等，文字性的调研和解释是设计师面向客户进行设计前期分析的重要组成部分。

但对于形态创作而言，我们应学会关注形态本身所表达的含义。有时候，我们很难把自己想要的事物表达清楚，但我们还是要坚持直觉地、潜意识地、非词语地进行形态作品创作。只有创造作品，才能不断表达一个可视可触的形式，并使之达到有意识的程度。用作品来陈述"我正打算做的东西是什么"，这对所有艺术家和设计师来说，都很重要。也许这种表达可能不够正确，但至少它使我们的作品更加清晰。学生给老师表达时，不能只说作品应当是不言而喻的，而是应当知道答案，并且在寻找回答中释放出自己的创造力。要一个扭曲的书架，就把它做出来（图 2-22）；要创造一栋可以像抽屉一样平移打开的建筑，也请把它实现（图 2-23）。形态的直接表达，才是设计师真正的语言。

图 2-23 可以平移打开的建筑

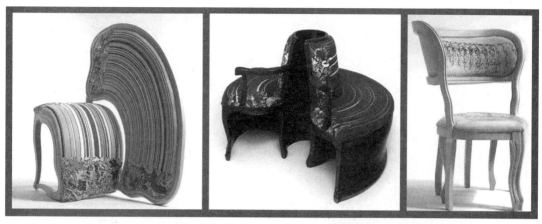

图 2-24　Sebastian Brajkovic 设计多款的新颖椅子造型

2. 形态语言的表达

我们将形态设计中的各种要素，如点、线、面、体、空间、肌理、光线、色彩、时间等，看作形态语言表达的一种"词语"，而这些"词语"具有三维的特点。艺术家和设计师需要灵活地驾驭这些特点以便创造出所期望的效果。用它们来描述一件艺术作品中，可以充分表达形态语言的魅力和潜能，让观者可以得到视觉、触觉上的更多体验，而这些领域恰恰是文字语言所无法涉及的。

当然，这种形态语言的运用需要释放丰富的创造力。设计师 Sebastian Brajkovic 在伦敦画廊展示多款他的新椅子作品，别致的花纹设计配合全新的造型，创造了一种非常夸张但令人兴奋的设计语言（图 2-24）。要重视每一种设计要素，给它们足够的发挥空间。也许一些普通的铅笔，通过排列和围合，就能创造出许多意想不到的美丽形态（图 2-25）。没有做不到，只有想不到。

图 2-25　铅笔围合的神奇形态

图 2-26　吸引眼球的新奇形态

3. 抓住人们的好奇心

许多形态作品是通过激发好奇心,来引起我们的注意。常有观者会好奇地发问:"这是什么?""它意味着什么?""应当如何解读这件作品?"或"艺术家是如何做到的?"这正是艺术家和设计师最想看到的,因为他们知道作品已经引起了人们的注意。

就像电影一开始总会有吸引眼球的大场面,或是小说用充满悬念的情节引人入胜,形态作品也可以通过展示视觉上的新颖性来吸引我们的好奇心。鲨鱼上了屋顶,或是人像上套了个立方体等(图 2-26)。出乎意料的形态总会叫人耳目一新。当然,在创造新颖形态的过程中要注意外形的完整性,要注意形态提炼简明扼要、视觉冲击力强。

还有,研究完全不同的文化和因素,在矛盾和冲突中寻求突破点,也是创造新奇形态的重要手段。如图 2-27 所示,时尚艺术大师运

图 2-27　欧宝的时尚高跟鞋的形态

用出其不意的办法,将汽车文化和时尚文化混合一起,将汽车造型和高跟鞋的造型有机结合。创新的形态达到了惊艳的效果。

四、课题训练

1. 从三维性到二维性

利用相机拍摄瞬间的照片,把对实物或雕塑的三维经验转化为二维视觉经验。在教学环境中,每个学生都可以在校园里对同一个对象进行拍摄,然后全班来比较学生所拍摄的效果。

注意:怎样拍照才能最好地显示作品的三维性?它的大小尺寸如何?物体原有的特性通过照相后,哪些被强调了,哪些被丢失了?

2. 从二维性到三维性

首先在纸上画一个抽象的图形。然后根据这个草图制作一件三维作品,可用你选择的任何材料,如木头、纸板、织物或铁丝。

注意:在草图和三维模型两种设计中,观察两者之间有什么不同的审美效果。你在制作三维作品时,关注哪些因素在二维草图中没有表现出来。

3. 自然形态的特征要素提炼表现

选择一个自己感兴趣的自然形态,提炼它的主要特征,用抽象的方式把它表现出来。

要求:既有草图,又有草模。提炼几轮,直到能用最简洁的形态表现自然形态的主要特征。

4. 形态的传递

让参加者成环形落座,每人画一幅简单的形态速写,逆时针传给右邻。接画人先用半分钟看,然后靠记忆复制刚刚看到的形态,再将复制品传给下一位,直到最后的一张拷贝图传到原作者为止。然后,把所有的速写按先后排列在墙面上或者桌面上。这一游戏用图解的方式证明了个人视觉感受的差异和形态的可传递性。

要求:每个小组的人数控制在5~8人。在复制形态时,完全靠记忆,不能再看前一人的图形。

第三章 塑造方法

一、形态组织法则

组成形态的元素可以归纳为点、线、面、体等几大类，但元素间相互组合的方式却充满变化，再加上大小、材质、色彩等变量，我们就可以创造千变万化的造型。我们在此要讨论的就是在变化中，总结形态美的组织法则，为创造美的形态寻找方法。

1. 强调

强调，是许多三维作品所使用的美学法则。通常的做法是，强调形态的某一特定部分或特性，而不是展现那些错综复杂的细节。达到强调效果的方法之一是使形态的某一部分或某种品质特性处于支配地位，或者在视觉上显得特别重要。虽然形态的其他部分也起作用，但处于从属地位。

图 3-1 美国亚利桑拿州，建在岩石上的礼拜堂

在形态设计中，强调的方法有很多种。关键是将需要强调的部分突现出来，让它因为某种原因而格外醒目，成为视觉焦点。最引人注目的部分可能是整体中最大的或是最小的，最明亮的或是最暗淡的，最简洁的或是最复杂的部分。例如，在图 3-1 中，岩石上的建筑用挺拔的直线条，与周围粗糙的岩石形成对比，一下子把我们的目光集中在焦点上。图 3-2 中的舞蹈大厦则是采用了罕见的扭曲的线条来表现建筑，非常规的表现强调了形态的动感效果。

许多的三维形态不局限在一个单独的视觉焦点。许多三维形态必须绕着走才能看清，视线可能从一个部分引导到另一个部分。因此可以设计一系列视觉焦点，并把它们贯穿起来，让每个焦点在局部环境中处于

图 3-2 捷克共和国布拉格，舞蹈大厦

核心地位,然后将观者的视线向下一个焦点引导,直至浏览整个作品。在园林和建筑设计中常常使用系列焦点的手法,从而起到吸引人进入或穿过作品的效果。例如在花园中,会利用喷泉或雕塑等地标,既强调区域的界定和特征,又引导路线的持续连贯(图3-3)。塔式建筑形态将强调的重点放在垂直方向上,建筑师会让建筑主体以锥形尖顶的细长形式呈上升态势,使建筑的高度比实际的尺度显得更高。为避免单调,也会采取系列焦点的方法,自上而下,分层次有节奏的吸引观者的目光(图3-4)。

图 3-3　园林中的雕塑、小品是一个个连续的视觉焦点,引导观者游览

图 3-4　许多迪拜新建筑在垂直方向强调个性

2. 简约

创造强调效果的另一种方式是把观众的注意力只限定在几个设计要素上。这种方法被称为视觉简约——摒弃一切非本质的东西以揭示一种视觉观念的特质。这种形态美学的简朴性避免了纷繁杂乱，使观众可以把注意力集中到简洁的形式美上。如图3-5所示，作者在作品中限制了色彩和肌理的运用，以便给观众留下一定空间去体验抽象形式的真实本质。

然而，有效把握视觉简约的原则并非易事。设计师只有用高雅的心志才能将某种美学观念或形式简化至最质朴的状态。含蓄收敛的简约手法要比夸大张扬的强调手法难以把握得多。对于简约设计而言，"少即是多"是遵循的基本理念。设计简约的形态要注意两个方面。一个方面，简约作品的"少"是有限度的，要向观者传达足够的信息，要体现正确的大小、比例；另一个方面，它要给观者更多的想象空间。作品本身预留多种可能的空白，观者可以根据自己在三维世界中的经验对画面和形态加以补充。如果观众的思绪能够随着艺术家或设计师一同跳跃，那么就可望达到相似，甚至更好的视觉效果（图3-6）。

图3-5 简约的形态和简单的色彩是现代形态设计的一种主流

图3-6 日本建筑师Tezuka设计的山间工作室很好地解释了"少即是多"

3. 尺度

尺度就是形态的大小。落实到图纸上就是一串几何数字：长宽高多少，周长半径多少等。对实用性设计而言，作品的尺寸要与预期用户的大小相适应，这是形态设计的一个重要因素。

我们在这里要讨论的是形态尺寸对人的心理和情绪可能造成的影响。非常小尺寸的形态具有一定的神秘感，可以吸引我们去接近，因为我们必须凑近才能看清它。如果微型化的作品制作得很精细或有些特点，这种吸引力会进一步放大。所以，很多微雕作品常常被人们追捧。相反，一些尺寸非常大的作品能引起震撼的情绪反应。将形态极大地放大，使观众显得渺小，从而引起观者强烈的反应。巨大的体量使观者无法从有限的视点去了解整体，留下的就是无比敬畏的情感（图3-7）。当然，大尺度形态作品的制作过程较为复杂。需要统筹安排作品的创作、运输和展示等实际细节。设计者要先推敲小比例草模，然后根据环境来决定实际大小，将各个部分分开制作并解决如何在现场将它们组装起来。

对形态尺度的把握，设计师需要根据实际情况灵活应用。有时要用合适的尺寸满足人们的使用需要，有时又要用非常规的大小让观众感受新奇的变化（图3-8）。

图3-7 形态尺度的放大给人震撼感

图3-8 维也纳众议院和麦当劳电话亭用非常规的尺度表现新奇感

4. 比例

比例是指形态设计中各部分大小尺寸之间的相对关系。形态的尺度是绝对值，而比例是相对值。当比例合适时，整件作品便秩序井然，给观者舒适的感觉。

那么，什么是舒适的比例呢？比例和形式美之间又有什么关系呢？从古到今，人们一直在探索和发现，并应用了数学的方法。在古代希腊，人们从审美角度总结，整体中两个不相等部分之间最完美的比例关系为1：1.618。例如，他们认为最美的矩形就是如果短边边长为1，那么其长边边长应为1.618。这种比例被遵奉为黄金分割，被认为是美的典型，并被应用于诸如巴特农神庙这类建筑的设计中。其实，我们也能够在许多天然图案中发现类似的比例关系，例如，在雏菊花中央连续的小花的比例关系中，或者在鹦鹉螺壳的生长阶段上（图3-9）。1908年，拉罗（Lalo）就用了科学的统计方法统计了数以千计的矩形人造物的比例关系，进一步发现了人们对黄金比例的偏好（图3-10）。后来又有许多人重复这种测试，得到相似的结果。在比例测试中还有一些结果也对形态设计师很有帮助，如，相对于矮胖比例，人们更偏向于瘦长的比例；人们较偏爱整数倍数的比例关系（如1：1，1：2）等。

还有，人体各部分之间也同样存在着特定的比例关系。因此，从事形态再现的艺术家必须以理性的态度准确处理人体各部分之间的比例，唯有如此，才能满足观者对恰当比例的直觉。举例而言，学美术的学生们通常知道，人体作为一个整体，其高度相当于七个半头的长度。同时，手指关节、手和手臂之间都有着可测算的比例关系（图3-11）。

其实，不管是人体比例或是我们周围世界

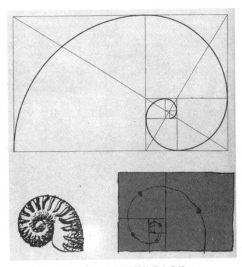

图3-9 源于鹦鹉螺的黄金曲线

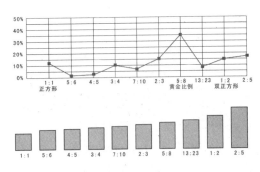

3-10 拉罗的比例测试发现人们对黄金比例的偏好

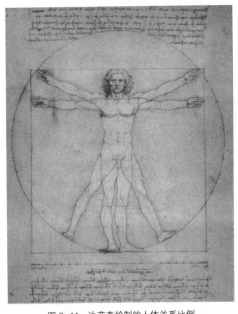

图3-11 达芬奇绘制的人体关系比例

中其他熟悉物体的比例，我们对那些看上去比例合适的东西有着敏锐的直觉。有很多观众常常在第一时间发出"形态很好看"的感触，但不知为什么好看。设计专业的学生就应该拨开表象，分析形态美学的构成原理，也许作品各个方面相互间存在着完美的比例关系正是其中的重要原因。早在20世纪前叶，蒙特利安就进行了大量的比例分割试验，后来里特维德将这种平面的比例分割拓展到三维形态上，创作了著名的红蓝椅。之后还有许多艺术家都为形态的比例关系做了大量的实验作品（图3-12～图3-14）。

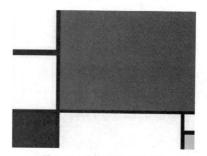

图3-12　蒙特利安的比例分割

图3-13　里特维德的红蓝椅

5. 力场

剖析许多成功的三维形态作品，可以明显感受到力场的存在。有些地方被拉伸了，有些地方被压缩了；有蓬勃向上的生长力量，也有迎风招展的侧向力……最为常见的是重力的作用。不管艺术家或设计师是否愿意表现，重力是真实存在的，不可避免。这种向下的拉力必须受到艺术家非常细心的处理。受地心引力的作用，任何物体都有重量。甚至一些看起来很轻的东西，它受重力的影响之大有时出乎意料。例如你尝试用大头针往墙上钉一张纸，纸的重量很轻，但不久你会发现，纸上的针孔被慢慢

图3-14　不同比例的椅背造型

设计形态

图 3-15 充满张力的家具设计

图 3-16 汇聚力场的荷兰鹿特丹"立方米家"建筑设计

拉大了；或者，你能很轻松地将手臂举起，与地面保持平行，但随着时间的延长，手臂的重量似乎明显加大，你很难再坚持下去。重力常常是三维形态创作的挑战，艺术家和设计师在构思时需要有广博而理性的物理和力学知识，塑造形态不仅要考虑当时的力场平衡，还要注意在长期重力作用下形态可能出现的变化。有些作品丝毫没有流露出重力作用的痕迹，通过巧妙的手段把重力的反抗力隐藏起来；有些作品反过来夸大重力的效果，把形态的一部分往下拉，或是刻意塑造成上面大下面小的效果，这种公然向重力挑战的做法，往往成为一件作品主要的兴奋点（图 3-15 ~ 图 3-17）。

在创作过程中，力的存在并不令人讨厌。相反，很好地把握并表现力场，可以让作品呈现出很强的动态趋势，从而使观众对这些充满力感的作品投入更多的关注。

图 3-17 抵御重力的雕塑

6. 平衡

三维作品给人以视觉上的平衡感是作品能够满足心灵对秩序渴求的另一途径。实际上,如果作品不能达到平衡或稳固的效果,那么它就会倾倒。但是,除了保持力学上稳健性之外,作品同时需要传达出一种视觉上的平衡感。形态的各个部分都暗示着一种视觉上的重量感,即某种程度的轻重感。诸如明暗、肌理、形状、大小、色彩等因素都会影响我们对视觉重量的感受。例如,浅色部分比深色部分显得更加轻盈;透明部分比不透明部分轻;黄色区域在大小上给人以扩张感,而蓝色则显得收敛。要使一件作品显得平衡,就要以观众满意的方式分配作品各部分的视觉重量,使其不会视觉失衡。

视觉平衡的最常用的方式之一是对称平衡。对称平衡中最常见的是左右对称,在一条想象的垂直轴线两侧,形式安排上有着相同的部分,这条想象的中轴线可以垂直地划过作品(图3-18)。

还有就是中心对称,就是形态的对称是围绕一个中心轴或点进行旋转。许多建筑或工业产品就是遵循着绝对对称的原则。这样的构造容易让人产生一种安全可靠的感觉(图3-19)。

另一种更为微妙的平衡手法是不对称平衡,也可称为均衡。这时,中垂线两侧各部分

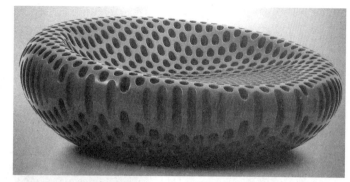
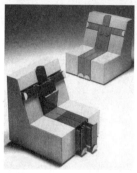

图3-18 左右对称的形态设计

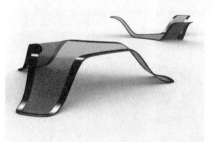

图3-19 中心对称的形态设计

并不相同,但在视觉上却显得具有相同的分量。在不对称平衡的作品中,平衡点并不一定位于作品的中心位置,而是根据需要放到合适的位

置。当人们围绕一件三维作品行走时,由于平衡的各个部分随时发生着变化,这使得视觉平衡的复杂性增加了。由于均衡的手法通常很复杂,以致让我们难以理性地加以确定,所以艺术家更多时候是直觉地进行创作,巧妙地处理各种设计要素,直到各部分的相互关系达到平衡为止(图3-20)。

从某种意义上说,平衡是设计师在创作形态过程中的一种追求,而不是最终一定要达到的结果。当然,有些作品刻意追求视觉上的不平衡,这取决于艺术家的创作意图。有时这种不平衡的暗示常常成为作品的重要兴奋点。如图3-21,建筑形态看上去不平衡,但正是这种不平衡赋予了作品动态的特质,让人觉得它似乎处在运动之中。

图3-20 均衡的形态设计

图3-21 不平衡的建筑形态

7. 重复

重复就是一次次地使用相似的设计特征。这种设计方式使观者心中很容易理解眼前所见到的东西:"它们都很相似",并且不断加深观者的形态印象。看一下古根海姆博物馆的楼梯井(图3-22),相似线条的重复创造出一系列嵌套的图案,立即给人造成强烈的印象。我们不会孤立地看待一根线条;相反,我们会一根接着一根地"解读"线条,按照逻辑把它们组成一幅图案。

重复是三维设计中常用的手法,它可以满足人们对秩序的渴望。对于大型的三维形态,如建筑形态,重复的手法还可以节省建造的成本。为避免因重复而出现的单调感,形态重复经常要进行一些巧妙的处理。如可以在重复的形态中加入一些变化的因素,或是阶段性节奏改变。

重复的手法看似简单,实际要做好也是有很大的难度。在真实三维世界中,可能不会出

图3-22 古根海姆博物馆的楼梯井

现完全相同的形式,因为每个重复的形式因为位置移动,和光源产生不同的关系,从而有了细微的光影变化。这使重复的作品有了潜在的生命力。重复还可以将整个作品凝聚起来,达到震撼的效果(图3-23)。

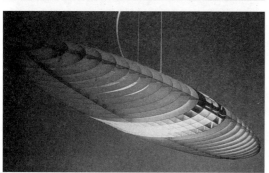

图3-23 采用重复手法的各种形态设计

设计形态

图 3-24 采用多样手法的形态设计

8. 多样

和重复手法相对应,我们也可以变化中寻求形态的统一主题。从这些看似混沌无序的新感觉中创造出一种秩序来。这种多样性本身也许就是一件作品的组织主题。更确切地说,多样就是在变化中寻找秩序的组织形式。在按多样原则组织的作品中,看似彼此不同的各个部分,却有着某些共同的东西。

多样通常表现为一个主题的各种变化。许多多样性的形态作品乍一看,各个部分之间似乎毫无关联,差异很大,但在意识深处你又会觉得它们以某种方式彼此有联系。你对相似性的直觉要比你有意识地感知快得多。然后,你才会逐渐注意到,呈现出种种变化的各个部分都以一些共同主题为基础。接着,你可以从中找出一一对应的相似部分。于是,问题变得简单起来:哪些部分可以归为一类?哪个是不同的?相互之间是否还有点相似?

如果把形态中各种要素之间对立的变化放在一起,就可以形成最常用的表现手法之一:对比。例如,硬与软、粗与细、光滑与粗糙、亮部与暗部、厚重与轻巧、几何形与有机形、容纳与被容纳、内部与外部等之间的对比。这些形态特性的比较可以使对比的双方相辅相成、相得益彰,在展示上都得到强化,从而进一步吸引观者的目光(图 3-24)。

我们可以大胆运用多样的原则,例如,将形成生动对比的部分并置在一起。也可以用较为含蓄的方式处理多样的原则,如把暗部柔和地融入亮部,或是将狭窄渐渐扩展为宽阔,又或是从黄色通过橙色慢慢转变成红色等。这种渐进地引入多样性的方式称为过渡。过渡的方法有助于维系一件作品的整体性,因为它比较容易地将注意力从一种特性慢慢地引向另一种特性,水到渠成地揭示它们的内在逻辑(图 3-25)。

9. 节奏

在形态表现中，重复和多样的手法往往会产生某种视觉上的节奏，就像音乐中的韵律。观者的注意力随着作品表面变化着的元素流动或停顿、起伏或跌宕、快速或缓慢，创造堪与音乐媲美的视觉效果。当以研究的眼光观赏一件三维作品时，观者可能会产生一种类似重音节拍和非重音节拍或者渐强音和渐弱音的感觉。节奏作为底层基础而存在，本身通常并不引人注意，但却有助于观者把对作品的理解和感觉统一起来。

形态的节奏可以低沉有力。例如图 3-26 所示的复活节岛上的雕像，可以看作是重音节拍，它们之间有空间分隔。每一个雕像暗含着一个生动单纯的律动，就像击打乐所发出来的声音，深沉而富有个性；形态的节奏也可以清澈明快，在图 3-27 的冰屋设计中，单独的形体的节拍是不明显的，但是当多个形体组合成一个通透的环境，明朗的节奏也随之建立起来；形态的节奏还可以悠扬流动，如图 3-28 中的家具设计，流畅的弧线形成了一首连续的乐曲。

图 3-25 采用渐变过渡手法的建筑形态

好的节奏感，对形态设计而言是一种优雅的体验。

图 3-26 复活节岛上的雕像

设计形态

图 3-27 冰质形态

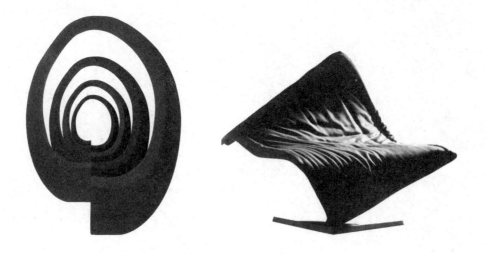

图 3-28 连续曲面的家具形态

10. 统一

无论以上的各种形式法则如何使用和变化，最后总是要落到统一的主题上。就像和谐永远是我们社会的主流一样，统一的手法往往让形态看起来更加具有整体性。在实际操作中，经常通过一个共性的符号或线索将形态的各个部分贯穿起来，从而达到整体的统一性。这一共性的线索可以是某个特征形状、相同材质、或是同系列的色彩。在展现足够的共性之后，隐匿在形态之中的统一性就会呈现出来。统一的手法可以让观者将形态的各个部分协调起来，形成一个连贯一致的整体。这种包容和协调的表现效果常常是令人愉悦的（图3-29）。

虽然我们对形态设计的一些组织法则分别进行了分析和探究，但事实上这些法则是通过协同作用而产生最终形态美的效果。同学们要活学活用，提高综合审美能力，千万不可以偏概全，捡了芝麻，丢了西瓜。

二、几种常用的方法

1. 利用现成品创作

对于形态的塑造，我们先要树立这样一个概念：随手捡到的现成物品都可以被改变或被组合，从而创造成一件新的形态作品。20世纪初，马塞尔·杜尚将工业产品放进博物馆并展示为"现成品"艺术。许多人在他的引领下，把机器制造品带回家，对它们的使用完全不是出于它们原来的功能。从那时开始，"现成品"已经成为艺术的一部分。许多艺术家利用现成品带来的想象力创造出意想不到的作品。

虽然现代社会大多数人仍习于把用过的东西扔掉，而不是重新使用或循环利用。但这种情况也为艺术家和设计师开辟了一片宽广的新天地。一些艺术家把别人当作废品的东西集合成艺术品，有时是为了反对浪费，有时是为了在创造性地利用废弃物中找到乐趣。还有些艺术家甚至不用废弃物，而是直接用买来的现成品来传达信息（图3-30）。

对于现成品而言，它本身已有完整的形状、材质和完备的功能。刚开始拿在手上，往往会给你很多模仿和再现的暗示，但设计者要学会从现成品本身的功能和属性中脱离出来，从而发现某种完全不同的新鲜东西。这既是艺术家的创意，也是观众的惊奇。如图3-31中的椅子造型，通过仔细观察发现实际上每一部分是由一辆自行车的零件打散后重新组合而成的，突然引发了我们的兴趣。这两个形式之间的关系是完全意想不到的，是一种别出心裁的感觉。作品巧妙地把轮胎作为靠背和扶手，这是充满想象力的创意，设计师从司空见惯的平凡材料中发现种种新的可能。

在后现代艺术潮流中，利用现成品创作艺

图3-29　和谐统一的产品形态

设计形态

图3-30 利用废弃物创作形态

术已非常盛行,尤其是许多装置艺术作品。给已有本身属性和使用价值的现成品赋予新的效用和美学含义,这正符合后现代主义的基本特性。更何况利用现成的废弃物,既节约了成本,又弘扬了环保精神。我们艺术设计专业的学生应学会多利用现成品来完成工作草模和形态作品。

2. 加法的操作

加法是塑造形态的最主要的方法之一。加法的操作是在充分利用材料本身特性的前提下,通过小块材料的积累、叠加、堆砌,从而创造出更大更完整的形体的过程。

创作加法的雕塑,一种方法是用可塑性材料直接在空间里堆积形体。这些可塑性材料包括黏土、蜡、石膏和水泥、玻璃等。它们共同的特性就是在某种环境和状态下(有些是常温下,有些需要加热),具有柔韧的状态,可以被拉伸、展平、弯曲或扭绞,不会轻易断裂。这种可塑性为形态塑造带来很大的方便。你可以填加材料,进行雕刻,一层一层的增加。如果不满意,可以将材料挖掉,在相同的位置继续填加材料,重新雕刻。因为材料的延展性,被修改的地方几乎不留一丝痕迹。这为我们在思

图3-31 由自行车零件重组而成的椅子造型

考形态和草模试验中提供很大的空间。在塑造形态的次序上,我们先用加法操作在空间中构想并塑造主要的基本形状,然后在形态的表面和细部对次要的轮廓进行仔细加工。等形态塑造完毕,再通过特殊的工序,如高温焙烧等,让可塑性材料变硬、变稳定,从而定型(图3-32)。

另一种加法的操作是用物理的方式将坚硬的材料（如木头、金属、塑料和石头等）联结起来，集合成更大的形体。连接的方式有很多，视材料而定。木块之间可以用钉子、胶粘或榫接等，金属之间可以焊接、铆接等，不同的材料之间连接就更复杂些。接合的强度是十分关键的（图3-33）。

3. 减法的操作

减法是与加法（累加的方法）相对应的创造三维形体的方法。在这个过程中，设计者首先要选用比预想完成的作品要大一些的材料，然后削掉那些多余部分。一个有经验的雕塑家常常能从现有的材料和形式中取得灵感，他们选择了某一块材料，这

图 3-32　用可塑性材料进行加法操作

图 3-33　物理方法连接

图 3-34 亨利·摩尔的现代雕塑

期雕塑都是从一块巨石或一段完整的大木块开始，最后的作品常常保留着原来材料的封闭形式。直到 20 世纪，以亨利·摩尔为代表的众多现代雕塑家尝试向材料的深处雕刻，把材料的中心部分掏空。从此，雕塑作品有了更为开放的形式（图 3-34）。

最常使用减法的材料是木头和石头。木头，由于它的肌理、质地和花纹，有经久不衰的魅力，随着时间的推移和重复使用，木头会逐渐形成一种让人愉悦的柔软的光泽。柔软的木材在加工时容易破碎或断裂，需要使用锋利的工具。雕塑家和设计师们比较喜欢使用较硬的、较有内聚力的木头，因为它更容易控制。用于雕塑的石头也很多，包括从比较软的到非常硬的。在这个范围中，最软的岩石有砂岩、皂石和雪花石膏等，这些松软的石头潮湿时甚至可以用小刀雕刻。大理石较硬，因其美丽而受到珍视。花岗岩非常硬，也很耐久（图 3-35）。

在现代设计中，对减法有更多新的理解。如从切除下来的材料来理解减法，那些雕刻剩下的形状其实可以互相有联系，重新拼成新的形状。因为整件作品就是一块神奇的拼板，创造意想不到的形态（图 3-36）。

块材料将使他们发展出一个自己想象中的形式。从材料本身释放出来的形态就意味着加工这块材料可以使之达到最佳状态。西方的大多数早

图 3-35 用减法的木雕和石雕

第三章 塑造方法

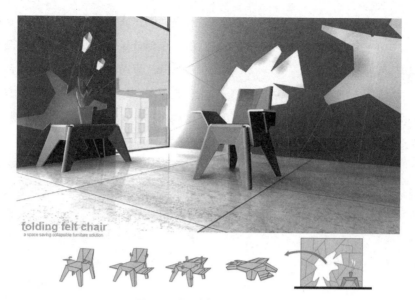

图 3-36 用一张板拼接的椅子设计

图 3-37 用铸造法制成的精美器皿

4. 铸造的方法

我们最后介绍的三维构造方法就是铸造。铸造是一个非常古老的方法。几千年前，人们就已经非常完美地制作出在审美上和技术上都很精湛的作品，如图 3-37 所示的器皿那样，它是中国古文明的杰作。通常铸造涉及模具的制

49

作，模具是一个外壳，里面可以注入另一种液态的材料。当这种材料变硬时，挪开模具，就可以看到它留下的形态。

铸造是一种间接的形态创作方法，大部分造型工作是在模具上或者在制作模具的模型上做的，而不是在铸造出来的东西上做的。因此它使得艺术地运用许多合乎理想的材料成为可能，而这些材料不宜直接加工成复杂的形式。用于铸造的传统材料是青铜，它在高温液态下被注入模具。青铜之所以受到青睐是因为它的耐久性和丰富的色彩，它表面的绿锈看上去是半透明的而且很柔和，上面的色泽随着时间的推移而变得更丰富。其他金属，如钢、铝和铁等也能够铸造，就像蜡、黏土、石膏和混凝土那样。许多塑料也易于铸造，既适合艺术设计，也适合工业设计。甚至手工制作的纸张，在干燥以前的液态纸浆时，也能用来铸造。

下面简单介绍几种常用的铸造的方法。

1）浮雕模具法

这也许是最简单的铸造方法，先准备一个负形的模具，再简单地把所需要的材料注入其中，然后等其变硬后把模具挪开。于是产生了一个浮雕，形态只有一个面。负形的模具可以用砂子、黏土、石膏、木头、纸板和聚苯乙烯泡沫等材料制作，注意要有附加的边界来容纳所注入的铸造材料。如果注入的是铸石（一种精制的混凝土），作品就可以用在户外，甚至建筑物的立面上。

2）硬质模具法

如果使用的材料重量较轻、成本较低，或是形体小，可以选择铸造实心的形体。先用黏土、蜡或石膏等可塑性的材料制作出一个与实物等大的模型。模型的表面被金属薄垫片或隔片划分成若干单独的部分，每个隔开的部分被包上石膏而制作成一个局部的模具，它可以从形体的那个部分移开而不会折断。于是内部的模型被挪开，而局部的模具被重新组合后产生了一个完全中空的模具，再将铸造的材料注入其中。这种方法不适合于那些具有复杂细节的铸件。

3）可变性模具法

制作那些需要多次复制或比较复杂的形式，比较适合用可变性模具。模型被包上液态橡胶或者硅树脂，这两种物质可以获得所有表面的特征。于是一种石膏外壳用于橡胶的上层，以便增加硬度。产生的模具被切成两半，并从原来的模型中挪开。然后虚空的两半（石膏在外部，橡胶在内部）可以被重新组合，把所希望的适合于完成作品的材料注入并充填集合起来的模具。当熔化的材料变硬时，分成两半的模具被挪开，得到一个正向的形体，这个形体精确地复制了原先模型的形体。有些艺术家直接把生活中真实的东西作为他们的模型，复制后能达到乱真的效果。

4）失蜡法

如果作品很大或是用来铸造的材料太重，像青铜这样的金属，通常用失蜡法制作空心的铸件。原先的模型是由某种黏土或石膏之类不会熔化的材料做成的，然后在其表面上涂一层蜡，其厚度就是最后金属铸件的厚度。在这层蜡面上构造出一个反向的模具，上面各处都留有排气孔，以便在后来的铸造工序中能让空气排出。要为铸件做好后把模具打开成两半并重新组合起来作好一切准备。然后给铸件加热使蜡熔化流出，留下一个复制模型轮廓的空腔。当最后作品的材料被注入这个空腔并让它变硬时，原先蜡制的东西现在变成了金属。一旦它冷却变硬，可以把反向的模具从各自一侧挪开，把铸件空心的壁面拆开，把原先模型的内核取出，再把铸件的各个部分重新组合，留下一个中空的形态。失蜡法只能产生一个铸件，因为在制作过程中，最初的蜡制模型消失了，但是这种方法较之砂模能记录下更微妙的细节。

5）砂模法

在工业制造中常用砂模。用混合了胶粘剂的砂子做成的框架来制作反向的模具。砂子通常渗透性能很好，因此当熔化的物质倒入模具时，不需要复杂的排气系统让气体逸出。把型砂塞满一个正向的模型周围的半边或全部以获得印记。然后把模具拆开，取出模型，如果作品要成为空心的，就添加一个内核，再把砂模重新组合起来，注入熔化的铸造材料。同所有的模具材料一样，砂子必须有十分细腻的质地以复制微妙的细节，同时必须相当坚实，当沉重的金属或其他铸造材料注入时，能固定其形状。砂模能给一件作品制作许多复制品，但是它们会丢失微妙的细节。

铸造是常见又实用的形态制作方法。大多数模具可以重复利用，复制更多的作品，从而降低了单件作品的成本。但铸造是实践性很强的工作，需要精确的技术、技巧。如有些铸造步骤不允许有过深的底切，为了防止在把模具与铸件分离时折断模具；设计师有时必须考虑脱模的限制因素，把所有的角度做成斜角从而使铸件容易与模具分离。

三、塑造形态的材料和工艺

1. 选用合适的材料

在选用材料时，艺术家和设计师可以在两个极端之间作决定：要么将材料精雕细刻，让它看起来像是别的什么；要么强调展示材料本身的特性。无论哪种方式，每种材料的特性都必须加以考虑。

其实每一种材料都充满个性和表现力。例如，金属丝有一种果敢的生命力；纸张给人宽厚、柔软的感觉；木块，自然中透着严肃执着的特性；而对于玻璃片来说，总让人感到丝丝寒意，透露出巨大的杀伤力。每种材料的特性也各不相同。如木头，不管是软的，还是坚硬的，不管多厚多致密，总会收缩、膨胀，也许还会开裂；而金属则有着迥异的特性，能弯曲，能延展，很薄却依然很坚韧（图3-38）。

在形态设计中，涉及的材料数以千计，再加上现代科技的发展，大量的新型材料不断出现，使艺术家和设计师选择的余地越来越大。然而，要综合使用不同的材料，必须充分了解材料的特性。只有选用了合适的材料，才能创作出好的作品。

2. 使用可塑性材料

进行三维性创作的一种非常直接的方法是以手工或轻便工具塑造有可塑性的材料。这些材料在常规环境下相当柔韧，任凭拉伸、展平、弯曲或扭绞，它们都不会断裂。当形态加工成型后，再通过某些处理让它们变硬、变稳定。可塑性材料既适合于做加法也适合做减法。常用的可塑性材料有黏土、蜡、石膏和水泥、玻璃等。

1）黏土

黏土是一种可塑性很强的材料，从古时候起就被用来制作器皿。这种材料湿的时候很柔软，可以放在手中随意捏造；干的时候很脆，焙烧后很硬且比较耐久，可以涂上各种表层的釉料。黏土是从某种岩石崩裂后产生的天然沉积物，每种黏土的特性，如可塑性、色泽、质地都各不相同，而焙烧定型的方法也不一样。

设计形态

图 3-38　不同材料有不同的表现力

为了取得想要的效果，陶艺家通常用各种黏土材料混合出他们自己的混合黏土。现代汽车造型和手模设计中也常用质地细腻的黏土（图 3-39）。

黏土可塑性非常强，对操作的要求也非常高，需要花费大量的时间和精力来提高自己的经验。黏土可以在转轮上制作一只陶罐，也可以切割、重塑，或者做成不对称的形状。除了在转轮上制作之外，还有其他许多加工黏土的技法，比如挤捏、盘绕、擂成厚片或直接做模型。这些方法可能主要依靠偶然机遇和瞬间灵感，或者需要周到的计划和控制，这取决于艺术家和设计师的意图。成形后还有焙烧和上釉等工艺（图3-40）。

图3-39　用黏土作的模型

图3-40　陶艺

■ 设计形态

图 3-41 用石膏塑造形态

2）蜡

另一种可塑性很强的媒介是蜡。蜡稍微温热一下就软化，有时只要放在手里糅搓，就可以进行各种扭拧、弯曲和改变而不会断裂。添加的蜡块很容易就可以贴附到一个被塑造的形体上。把小块蜡按在适当位置，或用一个加热器给要贴附的表面加热，使之在不因压迫变形的情况下粘结起来。如同黏土一样，蜡最终的形质可以做成光滑的或粗糙的。因为在暖和的天气里，蜡很容易融化而不能保持它的形状，所以常常翻成铸件（青铜等材料）保留形态。

3）石膏和水泥

石膏和水泥也可以直接用手和简单的手工工具塑造。通常石膏和水泥都需要有一个可固定凸出部分或弯曲轮廓的内在骨架，骨架的材料可用金属丝、杆棒、金属网眼、木头和泡沫塑料等。通常先把湿的石膏或水泥层层涂敷在这个骨架上，趁石膏潮湿时，用尖头工具凿刻出，勾勒出大致的形态和纹样。然后晾干，再在表面进行凿刻或锉平磨光。最后着色和表面肌理效果（图3-41）。石膏基本上没有拉伸力，当干燥或龟裂后，可能破裂。但是，就用于室内

的制品，或浇铸凸起的图案，或使之转变成其他更耐久的媒介而言，石膏的低成本和适应性使它不失为一个实惠的选择。水泥比石膏稍粗糙些，但是这种特性适用于某些大型而简单的户外形式。

4）可延展的金属

有些金属有很好的延展性，可以在一个坚硬平整或成形的表面，通过弯曲、拉伸、扭拧和捶打来造型。当金属加工时，它们渐渐变硬，因此延展性减弱，这种不利情况暂时可以通过加热来改变，这道工序叫退火。各种金属和合金的物理特性有所不同。在金属中，延展性指易于捶打成形的能力；延塑性指金属被拉成丝的特性；硬度是由金刚钻在某金属上加力，根据留下刮痕的深度来衡量的。金属工匠和珠宝工匠常使用各种工具和技术把比较软的金属薄片或条棒加工成想要的形状和表面肌理（图3-42）。

5）玻璃

玻璃在高温的状态下极具延展性，但冷却后变得很坚硬。尽管这种透明的美丽之物非常容易破碎，但是生产玻璃制品已有数千年的历史了。玻璃本身通常只不过是用砂子混合苏打制成的，混合苏打为的是降低砂子的熔点，并通过添加如石灰这样的成分使之坚固。虽然这种产物易被打碎，但不会腐朽，因为它具有抵抗水、酸性物质和瓦斯等气体侵蚀的能力。以氧化铅代替苏打能制出非常清晰明亮的玻璃化合物。

跟其他材料不同，砂子中的硅石在加热时不怎么膨胀而且极有弹性。高温下，玻璃可以铸

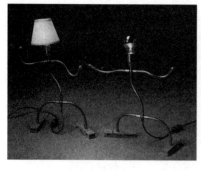

图 3-42　利用金属的延展性塑造形态

图 3-43　各种玻璃器皿形态

造或模制成任何形状。玻璃工人使用一种火焰，其温度很高足以熔化玻璃进行加工，但又不致过高使玻璃熔化到难以控制的程度。他们通常以一根玻璃管或玻璃棒着手工作，一边滚动它让火焰均匀燃烧，一边对准需加工的部位加热。往玻璃管内吹气，使加热的一端膨胀起来。玻璃棒或玻璃管可用玻璃切割器切开，也可以通过加热并朝两端拉扯而分开。给玻璃加工和着色的技术随着20世纪玻璃工作室潮流的兴起越发精益求精，创造出许多美丽的形态（图3-43）。

3. 加工坚硬的材料

更坚硬的材料，如木头、金属、塑料和石头，可以集合成更大的形体。有时这些材料先得在一定程度上加以改造，尽管其坚硬性对其延展性有所限制。

1）木材加工

木头，由于它温暖的有机物的感觉，它的肌理、质地和花纹，而具有经久不衰的魅力。随着时间的推移和重复使用，木头会逐渐形成一种让人愉悦的柔软的光泽。最柔软的木头包括：白松、红杉、云杉和雪松。中等硬度的木

设计形态

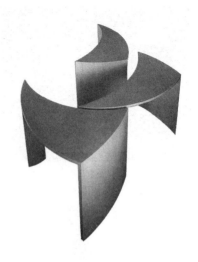

图 3-44 各种木材成形的家具造型

头包括：白桦、白胡桃和果树，如苹果、樱桃和梨树。高硬度的木头有：柚木、檀木、鸡翅木等。木头加工时要避免破碎或断裂，使用的工具必须保持非常锋利。

在用加法的雕塑中，木材可以作为碾磨成标准形状的平板来使用，也可以用水蒸法使木头达到柔软状态，然后让其弯曲成形（图 3-44）。弧形木制形体也可以用层压法制作——把多层薄板胶合在一起，然后用砂纸打磨，使它们的表面形成弯曲。

木材很软，用手动或电动的锯子、车床和刨刀很容易将它切割开。然后可以用钉子钉、胶水粘、螺栓或者细木工等方法把木块和木块连接起来。接合的强度是十分关键的。在一件家具上，人坐在上面或推动它产生的压力，加上温湿度的变化，可能使接合处裂开。户外作品不仅要承受自身的重量，还得经受住风雨以及其他负重。作品越大，接合处就越要牢固。

2）金属加工

许多户外雕塑和耐用产品采用金属材料（图 3-45）。一方面，金属具有很强的抗张强度，这种特性使得单薄无支撑的作品跨度很大也不会下陷或断裂。另一方面，金属还十分耐久，对那些易生锈的金属可以采用防锈方法。

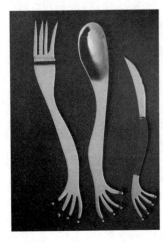

图 3-45 金属加工成形的形态

在加工金属时，艺术家运用和工业金属品制造者一样的技术来切割金属：用火焰喷枪切割；使用从钢锯到电动带锯和剪切机器等工具在内的机器切割。把一块金属连接到另一块上的基本技术有焊接、粘合以及铆钉和螺栓连接等。锡焊和铜焊对学生作业来说比较实用，因为他们从烙铁或乙炔吹灯上获取极少的热量就可以熔化软焊料或铜焊条，在比较薄的金属片之间熔合连接处。

3）塑料加工

艺术家正在研究其特性的另一种工业材料是塑料——这是特性变化相当大的合成材料。塑料似乎有无限的可能性，而且新的塑料还在不断创造出来。特定的塑料可以是硬的也可以是软的，是易碎的或柔韧的，透明的或不透明的。有的塑料可以用模子铸造。塑料一般在高温下会膨胀，而且缺乏金属的强度。但是增加纤维的数量能大大提高它们的抗张强度和冲击强度，而且个别塑料还具有在任何别的可用材料中找不到的独特性能，如透明度、抗腐蚀能力和光传导性。

现代塑料科技使艺术家几乎能创造出他们想象中的任何形式。如环氧树脂和聚酯这样的液态塑料可以浇筑成任何形状或厚度而且分量很轻。聚碳酸酯和丙烯酸树脂可以塑造成大而厚的形状，而且有比玻璃还好的光学清晰度。强化玻璃纤维的聚酯树脂和强化玻璃纤维环氧树脂的柔韧性很好，可以任意塑造和弯曲，强度也好，足以支撑自己，硬度也能够经受住较强的表面磨损。泡沫塑料可以跨越很大的范围，做成任何体积很大的形状，而且重量很轻。

塑料可以做成各种形状，可以锯开、压印、剪切、切割或机械成形，然后通过焊接、螺栓、粘合、铆合或其他机械方法组合起来。就加热成型而言，先将塑料加热到可以弯曲的程度，接着弯曲成想要的形状，然后固定住造型直至塑料冷却（图3-46）。

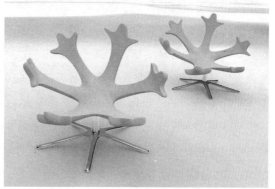

图3-46　各种塑料成形的形态

设计形态

图 3-47　各种混合媒介表现的形态

4）石材雕琢

石材的加工多为减法。采用的石料范围很广，包括从比较软的到非常硬的。最软的岩石有砂岩、皂石和雪花石膏等，这些松软的石头潮湿时甚至可以用小刀雕刻。大理石较硬，其纹理美丽。花岗岩非常硬，也很耐久。用石材进行创作通常是一个缓慢而艰苦的过程。大多数时间花在使用各种尖状物、凿子、圆凿，以槌棒或锤子敲打，小心切除多余物质等细小的工作上。对一个磨得很光滑的石材表面来说，在大致作出初步设计并经过中间雕刻后，还要用各种研磨材料作最后抛光。石材雕琢必须边做边思考，并用手传递思考。雕塑家巴巴拉曾说："我的左手是思考的手，我的右手是工作的手，那只思考的左手，必须是松懈的、敏感的，因为思想的节奏通过这只手传递给石头"。

4. 混合媒介

在现代设计中，许多形态无法通过单一的材料来完整表现。这就需要多种媒介混合表达。每种材料都有各自的特性和优点，将不同材料集合在一起，形成一个统一整体。这需要更多的智慧和更熟练的手法。首先，要研究各种材料的属性，能否从物质上结合为一体；其次要考虑不同材料之间是否在视觉上相得益彰，彼此互补而非互斥。采用混合媒介使形态的表达有了更多的选择。这是未来形态创作的一个方向（图 3-47）。

四、课题训练

1. 给我一个美的理由

收集并分析优秀设计作品的形态美感。

要求：收集一件你认为设计得最好的形态作品和一件你觉得设计较差的作品。最好拿来实物，也可用照片代替。用形态组织法则分析它们的审美性和实用性，然后向全班讲述你的观点，甚至提出自己的优化方案。

2. 挑战重力

学生可以任何材料，创作一件上大下小的形态作品。

要求：通过简洁的结构支撑形体重量，让学生更加关注形态的结构和重力的作用。

3. 实践出真知

设计几款草图，用黏土、石膏、木材、塑料等几种常用材料塑造形态。

要求：现场动手实践。

第四章 线的勾勒

在中国传统艺术中,线条是最具有表现力的元素之一。汉字(图4-1)是以"象形"为本源的符号汉字的形体,获得了独立于符号意义的发展途径。它更以其独特的线条美——比彩陶纹饰(图4-2)的抽象几何纹还要更为自由和多样的曲直运动和空间构造,表现出种种形体姿态、情感意兴和气势力量,形成了中国特有的线的艺术书法。许慎在《说文解字·序》中说:"仓颉之初作书,盖依类象形,故谓之文"。中国书法(图4-3)——线的艺术,行云流水、骨力追风、有柔有刚、方圆适度,是中国各类造型艺术和表现艺术的灵魂。

《辞海》中说线条美是指通过线条表现出来的形式美,是造型艺术中具有直观特征的表现语言,事实上在现实生活中,线条是一种神奇的符号,它随着儿童涂鸦的开始,便陪伴着我们的成长,成了许多孩子表达内心世界的手段。

图4-1 象形文字　　　　图4-3 中国书法

图4-2 彩陶纹饰
(左)三角纹彩陶双耳罐;(右)旋纹彩陶壶

在生活中,我们经常会看到各种各样的线,比如地平线、电线杆、火车轨道、天桥等(图4-4)。

图4-4 水平线、垂直线、斜线、曲线的物体

自然界和人为的种种线由于体量变化表达律动，由线生成面，由面生成体。线具有丰富的表达语言，其内在功能虽然没有什么变化，但通过线形变化会形成总体感观不同各种的风格。

一、发现线条

1. 线是一种形态符号

线是一种形态符号，它在生活中随处可见。线是一切形象的基础，是决定形态基本性格的重要因素。康定斯基在研究图形的起点时认为：最小的、不能进一步被继续分割的元素就是点，让点运动起来就形成了线。因此，线的这种情感性在二维的空间里，线的定义是这样描述的：线就是点移动的轨迹。就如雨天，一连串的雨滴连在一起，就成了线（图4-5）。线的本质是运动或者说表现运动，康定斯基这样来比较点与线的不同本质："点是静止的，线产生于运动，表示内在活动的张力"。对于形态来说，线是最易被感知和传达的，点虽然是最基本的视知觉元素，但因为它是最基础的因素，简洁到几乎只有位置的意义。单一的点无法产生动向节奏等形的视觉感受。如果是多点的话，点的联系，就有了线的意味。

如上所述，每一种线都以其不同的特性给人以不同的心理感觉。在这里，线条仿佛被赋予了人的情感。线比点更有强烈的心理效果，承载着更多的心理情感。由于线的形态不同，在各种情境中给人的心理感受也不尽相同。这就是线表现出的情感性格。一般我们会感觉直线中的水平线使人感到广阔、宁静；垂直线使人感到上腾；挺拔斜线使人感到危急或空间变化；曲线中的波纹线、螺旋线、抛物线等特征是流动、变化、柔和、轻巧、优美。人对曲线的

图4-5 点的移动形成了线

视觉感受往往比直线省力和轻快愉悦。而在三维的空间里，线可以是面和面的交界，也可以是作为立体造型中的轴，它可以用来描述面和体，同时勾画轮廓和细节（图4-6）。线有时候是一个造型联盟的隆起，有的时候是一个形体的边界，依附形体而存在，有的时候又是形体间的缝隙，有时也是造型连绵的不断的凹陷。虽然线物体基本都有自己的轮廓线和边界线，但是这些线并不能塑造形体本身。

2. 线的方向性和密度

线有一定的方向性。在二维的领域里，当一根线的时候，这条线的两端自然而然会有一定的指向；而三维在空间的领域里，当有一条、两条和三条线的时候，线和线之间也会产生一定的方向和导向性（图4-7）。

设计形态

图 4-6 线作为面和面的交界，线作为轴线，线勾画轮廓和细节

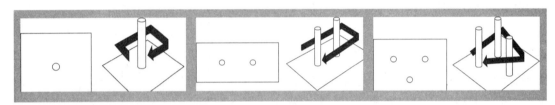

图 4-7 线的方向性

图 4-8 倒角改变线的密度

图 4-9 明式家居的"冰盘沿"线脚

线的密度。密度是一个物理学名词，意思是指单位体积物体质量的多少。在这里我暂时用线条密度来说在形态设计中，一定量下，满足视觉饱和度和信息传达的量，线条的设计在内容上应该达到一定的量化密集。变化线条各部分之间的比例关系，就能改变线条的视觉总量，从而能够得到视知觉上的精致感。

在形态设计中，倒角是经常运用到的方法，不论直方的形象，还是曲线相交的地方很多都用到倒角。在图 4-8 左侧一张图中的直角，我们会以直角两条边的比例关系得到一个视觉密度，而在图 4-8 中间和右侧的两张图中我们会以这条斜线段或这段弧线作为视觉单位，这样就能够得到很大的视觉的密集度，从而在视觉上得到一种精密感，这就是倒角在形态设计中广泛运用的原因之一。当然，倒角的形状、大小都是可以变化或继续细分下去的，从而造成更细腻，更特定的形态。这里我们可以看一下，明式家具中桌、案和椅面，有种称之为"冰盘沿"（图 4-9）的线脚。原来的直边通过各种各样丰

第四章　线的勾勒

图 4-10　明式家具

富的断面线，传递出家具细腻的个性。通过线脚的设计和运用，明清家具形体造型的四面可以相互呼应，气脉通顺，充分地传达出造物形体的整体感和统一性。同时，通过线脚，可使家具部件协调、上下一致，反映出家具实体形态的内质和精神（图4-10）。

3. 轮廓线、边界线和装饰线

线在设计中的应用主要有三个方面：一是构成形体造型的轮廓线；二是处理造型、加强造型的视觉构成要素的边界线；三是纯粹装饰性的线，对形态本身不起决定性的作用。造型的轮廓线是产品表现的一个方面，是设计师必须掌握造型轮廓线与形体之间的内在联系，特别是要掌握好形体两侧的投影线与立体造型的关系。而装饰线是整体造型的一部分，起着加强容器形体装饰效果的作用。装饰线既能够丰富形态结构，又能制造不同的质感和肌理效果。如图4-11所示的器皿和灯具，我们可以看到开口剖面的圆形和侧面的弧线，形成了这个器皿的形态；而位于这个器皿之上的彩色线条，只是纯粹的装饰线，有美化的作用，但是对形态没有影响。

而在包装容器设计中，线的这种线型分工尤其明显。在一些高档酒类和化妆品的瓶体设计中，为了追求赏心悦目的视觉效果和增加商品的高附加值往往会采用装饰线。早在1934年美国工业设计师罗维设计的可口可乐玻璃瓶（图4-12左），采用流畅活泼的弧线条通过凹凸的装饰线进行分割，以加强瓶面的立体感和层次感。在我们日常生活中可以看到一些饮料容器造型中设计者有意在瓶身手握的部位装饰一些花纹和线形既增大了摩擦力，使产品不易滑落，又丰富了局部细节，增强了整体形象的装饰美化效果，很好地体现了人体工程学的设计理念（图4-12右）。

图 4-11　器皿和灯具的线条研究

图 4-12　可乐瓶和矿泉水瓶的线形局部细节

63

设计形态

图 4-13　ET 瓶的凹凸线裁减再利用

如果形体两侧的轮廓线为直线，造型则是柱体或圆柱体；如果两侧的轮廓线是曲线，形体则是球状或是呈扁与长圆的球状体。视觉构成要素的线应用在造型上，表现为直观的具体的线，能看得到摸得着，有明确的视觉和触觉效果。这种线的作用是加强造型的形式感。形体转折线中最明确的线，通常称之为线脚。从形体的起伏高低变化来看，线脚可以分为凸线脚和凹线脚。凸线脚就其形态来看，呈突起的棱状，具有向外伸展扩充的视觉效果。凹线脚就其形态而言，是呈收进的槽状，向里收缩退后。两种线都体现了线的本质—运动和具有丰富的内涵。如图 4-13 为名叫"ET 瓶的完美回收"的设计，它利用了 ET 瓶本省的凸线形和凹线形的裁减，使起凹凸部分都利用有道，形成了新的储蓄罐、蜡烛台等形态，符合了环保风的趋势，也让我们更多地关注物品的回收利用。

由于线得到轮廓和边界特征，导致线条是形体设计的基本入手依据，无论我们绘制草图，还是设计、虚拟、制作模型、实体都是由样条线入手的。在实际经验中，在草稿纸上最早出现形的感觉的一定是线条。同样我们运用形态设计的三维软件设计形态的时候，绝大多数是从编辑曲线开始的（图 4-14）。除运用计算机所给出的现成形体，而这些形体本身也是由网格线条构成的。总的来说，线条最直观、基础、简洁地传达出形态感觉的元素。

4. 暗含的线条

有些线条并不是真的在物质上存在于作品之中，却能极其微妙地被人们感觉到。这类暗含的线条可能呈现为在各个形体之间或是某个任务与其凝视之物之间的视线。如图 4-15 所示，从古代青铜雕像《拔刺的人》中，我们可以感受到，在男孩的眼睛和那一定是扎上刺的脚底之间有一条明显的视线。

我们也可以感受到某些作品中呈现为连续

图 4-14　用软件来设计形体时的线条的手稿

线条或完备线条的暗示线条。雕塑群像《乌戈利诺和他的儿子们》（图 4-16），从最年长的儿子到他的父亲之间，包含着一条非常生动的视线。

线的这种方向性，还导致它有一定的定向特性。当我们把眼睛引向某一特定方向的特性，有时就此产生了线条。

而在设计中，我们也常常会注重些暗含的线条，比如形体的轴线、断面线和结构线。因为对轴线和结构线的考量，有助于我们对形体和形态的分析。工业设计师刘传凯先生的手绘（图 4-17），就非常有特色，他的设计特点在于，在设计产品外观形体的时候，常常把轴线和结构线、转折线这些看不到的线条画出来，这样一方面可以更加直观地展现形体，另一方面也有助于分析形体。

和之前所提到的轮廓线相比，轮廓线有平面视觉的意义，而结构线和断面线产生不同的形体动向，虽然有各种不同的意义作用，但总的来说是共同形成实体和空间的区隔与联系；平衡实体与空间的视觉力量。几种线之间，亦非截然分工的，在很多时候是可以相互转化。当转动视角，把结构线移动到形体的边缘时，这条结构线也就成为了轮廓线（或轮廓线的部

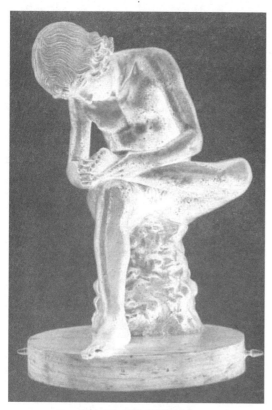

图 4-15 雕塑《拔刺的人》

图 4-16 雕塑《乌戈利诺和他的儿子们》

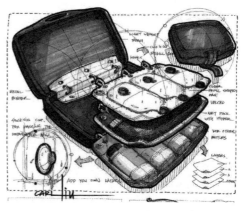

图 4-17 刘传凯的线形手绘草图

65

■ 设计形态

图 4-18 直线形的机电产品

分），断面线也是这样。同样一条线，相对大型形体（整体）可能是断面线，但相对于小型形体（形体的部分）则可能是结构线。

二、几种不同的空间线条

1. 直线和折线

直线和折线是最基础的两种线条。

1）直线

直线又分水平线和垂直线。水平线最常见的就是地平线。直线给人感觉刚硬，而水平线给人平静和稳定的感觉。水平直线可以朝两边无线延伸。水平直线，给人以宁静、沉稳、松弛的感觉，但并不代表没有运动，它同样产生于点的移动和表示着内在活动的张力，同样具有运动的方向性——向左右延伸的趋势。因此，直线是两个相反方向的力作用的结果。垂直线，是和水平线完全对立的垂直，垂直线给人的感觉是更加庄严和崇高。在 20 世纪 50 年代末，

图 4-19 直线和折线在设计中的运用

人们也把直线视为锐利、直率、快速的象征，相继出现了被认为是挺拔有力、简洁大方、清晰利落的"直线形"机电产品（图 4-18）。

2）折线

折线相对直线就显得比较有动感，而直折相间的线形更加富有节奏感，如图 4-19 所示分别为用折线的概念，抽象化树枝的形态而来的衣架挂钩；右侧两张为利用折线的概念设计的可翻折的沙发。由此可见，充分利用好直线和

第四章 线的勾勒

图 4-20 由直线、折线和曲线构成的灯具

折线间的关系,对形态的塑造大有帮助。

图 4-20 为用直线、折线和曲线加工的木质灯具。

2. 三种缓慢曲线

曲线是在直线的基础上加上了第三种外力所产生的线。三种缓慢曲线主要指的是:中性曲线、稳定曲线、支撑曲线。任何一种曲线,都有其自身的重垂部位。重垂部位指的是这条曲线的重心所在部位。一条曲线的重垂部位是曲线上扩张最突出的点(图 4-21)。

1)中性曲线

中性曲线指的是一个圆周的一段(图 4-22 左起第一张),中性曲线是比较平淡的曲线,也不是非常生动的曲线。由于它弧度的均匀性,导致它的重垂特征在各个方位看都是一样的,扩张程度在任何一个长度上都是相等的。

2)稳定曲线

稳定曲线指的是这条曲线的重垂部位是处在一个平衡位置的(图 4-22 左起第二张)。画稳定曲线让我们感觉安静,就像婴儿躺在母亲的怀中一样。

3)支撑曲线

支撑曲线刚好和稳定曲线相反,如果你在

图 4-21 线的重垂部位

图 4-22 中性曲线、稳定曲线、支撑曲线

它的重垂部位放一些形体(图 4-22 左起第三张),它会像桥一样支撑着这些形体。

这三种曲线在设计中我们也常常看到(图 4-23)。顶部几张为著名设计师 Matteo Thun 给我们带来的 Tam Tam Magis,我们可以依稀在其中看到中性曲线的影子。据说这个创意源于非洲的文化,是非常奇特又很日常的设计。通过寻找人与日常生活物品之间的微妙关系,从一杯一盏,到一把椅子中发现美的存在。我们可以在图 4-23 中看到一张纯黑色的线形曲线椅子,这件作品来自荷兰顶级家具品牌 Moooi,在荷兰语中,Mooi 是美丽的意思,通过增加一

设计形态

图 4-23　缓慢曲线在各类设计中的运用

个"o"来表示额外的美丽。Moooi 提倡对自然的认知、对人需求的了解以及对技术的认识。

3. 四种速度曲线

四种速度曲线主要指的是：轨迹线、双曲线、抛物线、反向曲线。

1）轨迹线

轨迹线（图 4-24 左图）就像是一个水龙头带出的水。它的轨迹刚开始的时候是直线，而且速度很快，慢慢地随着速度的减慢而降落产生弧度。

2）双曲线

双曲线（图 4-24 左起第二张）看上去和轨迹线相似，但是实际上还是不同的。它开始的时候也是直而快，但是速度并不是慢慢减小，而是向着起点转折回去，它的能量集中在一个点上。

3）抛物线

抛物线（图 4-24 左起第三张）在这里不是完全等价于数学上的抛物线，但也与它类似，抛物线是轨迹线和双曲线的结合。它的重垂部位不像前者那样开阔，也不像后者那样强烈，它比较适用于一些大的形体的曲线。抛物线不应该是对称的，不可能像球体一样圆滑，它应该是有一定的重垂部位。

4）反相曲线

反相曲线（图 4-24 左起第四张）是一种比较有趣的曲线，一条曲线往往有两个弧度。它和罗马体字母的曲线很相似（图 4-25），这

图 4-24　轨迹线、双曲线、抛物线、反相曲线

XIAN

图 4-25　罗马字母

种曲线给人的感觉是非常有趣，很生动，充满了活力。并且当它处于斜线运动的时候更加有趣。

让我们来看看这四种速度曲线在设计中的例子吧。在 20 世纪发生于美国的线、曲面、大圆度过渡等所谓的"流线型"（图 4-26）设计，被认为是"力"和高速度快感的像。最初被采用是主要考虑到空气动力学的原理，即为了提高交通工具的速度。之后，迅速影响到其他的产品造型设计，很快变成一种时髦的风格，一种标榜着追逐潮流和张扬个性的时尚。这种流线型的设计甚至一直延续到现在（图 4-27）。由此可见产品的形态具备这样的魔力，将人们的消费满足感、群体归属感、炫耀心理等附于产品这个有形的载体。"线"的形态语言，带给我们的绝不仅仅是视觉上的美感，而已提升到心理层面，以满足消费者的愿望和渴求。线的客观性，使得在设计活动中，形态成为设计师特有的一种语言或符号，通过形态将人们想要的而又说不出来的产品表现出来。它是设计活动的最终结果，是设计思想的客观而真实的体现，是人与商品沟通的平台，是信息的载体。产品优良的内部机能，独特的使用方式都将通过外部形态得以充分的体现。 正所谓"形之不存，线将焉附"，而线的形态变化直接影响着形态的外在体现。线存在于设计的每一个环节，扮演着重要的角色，不可或缺。

抛物线作为这几种曲线中最重要的线，在设计中往往被非常广泛地使用。抛物线在汽车中有很强的体现，很多汽车的挡泥板和保险杠看上去就像抛物线。Citroen 的概念汽车 GT（图 4-28），车身被设计成流线型，流畅的线条，主体面的多变线形中细微的过渡表达，使整个形态简约、整体，给人一种流动而简洁的美感，是 2008 年巴黎汽车展览上的一大亮点。

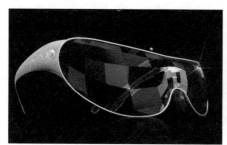 

图 4-26　流线型设计产品

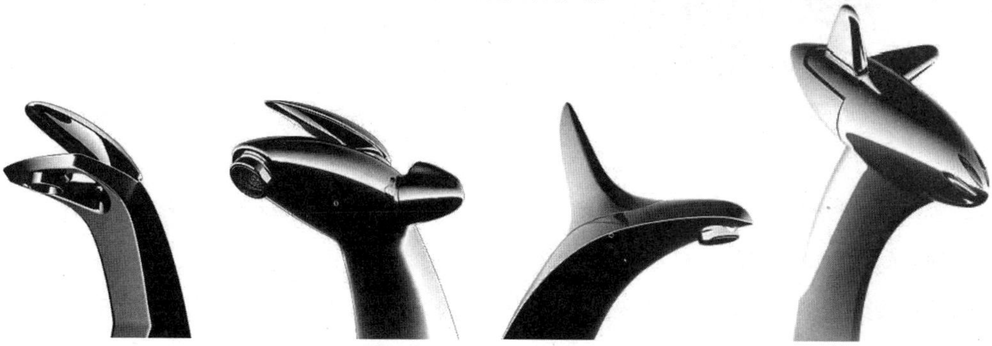

图 4-27　水龙头的曲线

设计形态

图 4-28 拥有完美的流线、动感的外表的 Citroen 的概念汽车 GT

图 4-29 悬链曲线、方向曲线、重垂曲线

图 4-30 壶嘴类似于重垂曲线的壶

4. 三种方向曲线

三种方向曲线主要指的是悬链曲线、方向曲线和重垂曲线。这三种速度曲线都因有非常明显的重垂部位，而显得非常有力量和速度。

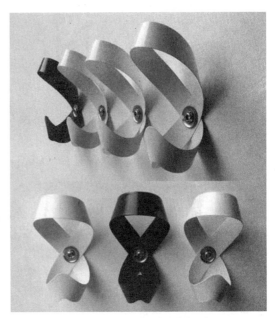

图 4-31 运用多种曲线形成的衣钩

1）悬链曲线

悬链曲线（图 4-29 左起第一张）是真正的重垂曲线。重垂曲线，就像你双手拿着链条，当你平移双手的时候，它会产生不同的重垂点。当你上下移动你的手的时候，它的重垂点也会从一只手移到另一只手。

2）方向曲线

方向曲线（图 4-29 左起第三张）是像箭头一样指示方向的曲线，从某种意义上来说它都不像曲线，它就像是折断的直线。有一定的指示性和方向性。

3）重垂曲线

重垂曲线（图 4-29 左起第二张）是悬链曲线和方向曲线的结合体，它也有明显的重垂点，但是它不像方向曲线那样有明显的直边，它的边缘处还是有些弯曲的。

我们可以看到图 4-30 的壶嘴就是明显的悬链曲线。而图 4-31 是结合了多种曲线而构成的衣钩。这款衣钩设计巧妙，它使用的材料是 0.4mm 的不锈钢弹簧钢，粉末涂层，

第四章　线的勾勒

图 4-32　Verner Panton 设计的灯具

图 4-33　"Curly My Light"（"卷曲我的灯"）

由一个简单的金属带通过弯曲再由螺母固定而形成。

5. 独立曲线

独立曲线指的是：波浪线、螺旋线等。

波浪线（图 4-34 左起第一张）和螺旋线（图 4-34 左起第二张）造型和其他的曲线相比，显得非常华丽和雍容，很容易在众多曲线中一眼就看到它们。你可以尝试调整螺旋曲线的螺旋数，来揣测螺旋线的张力。

让我们看看独立曲线在一些设计中的运用吧。如图 4-32 所示是一位丹麦设计师 Verner Panton 的作品，由非常简单的螺旋线的扭曲而形成的灯具，在风的吹动下会有非常奇特的动态。图 4-33 是设计师 Dima Loginoff 设计的名为"Curly My Light"（"卷曲我的灯"）的设计，通过单线构成体，给我们造成了强烈的视觉冲击，另外，纯粹的黑又是永恒的主色调，无论从什么时代来看，它都将是一个经典之作。图 4-35 是以色列设计师 Ron Arad 设计的吊灯，Ron Arad 的设计着重线条美，而且富于想象力，

图 4-34　波浪线，螺旋线

图 4-35　Ron Arad 设计的吊灯

71

该设计是由螺旋曲线形的金属材料构成，创造出了一种独特的结构形态。该灯具可拉伸成不同形态，不同密度的线形形成了不同的光照艺术效果。

三、用线条做什么

1. 分割空间

我们可以用线条来分割空间。线对空间的分割首先体现在真正意义上的划分空间。如图 4-36 所示题为 Malus Communis，是比利时的创作展览室中的一大热门设计，将一棵大树的造型，线形的分隔空间用于存储光盘和DVD。存储量大，寻找方便。

线对空间的分隔同时也体现在人的心理上的分割。这种手法在室内设计里常常被使用到。如图 4-37 所示，图中只是用了一根直线，却起到了中心限定的作用。这几条直线在周围辐射出一定的空间区域，但是在人的心理上却形成了一定的空间区域。离直线越近，分割感越强，反之则越弱。

2. 勾勒形态

我们也可以用线来勾勒形态。用线来勾勒形态，在很古老的中国绘画中，已经使用，比如白描（图 4-38）的手法，用白线勾描，不着颜色，不加渲染地勾画出物体的特征。而在中国几千年的文化里，线对形态的勾勒是无处不在的。我们可以从明式的椅子（图 4-39）的间架结构中体味"对称"布局与"官帽"的靠背形式如何完美地营造了一种"礼仪"的端坐氛围；可以从"梅瓶"的饱满丰盈体态与细小短狭的瓶颈之间形成的强烈对比中，揣摩以反差极大的、单纯简洁的形态，创造视觉冲击力强的纯净美；可以从古代的木构亭台楼阁中蕴含对材料本身特性，思考后设计构造机巧的哲理；可以从民间的藤编竹器（图 4-40）中传达廉价的速生资源同样能够创制高贵物品的语言；可以通过青瓷的冰裂纹理，说明反常规的工艺方式，一旦造就规律的视觉效果，可达"鬼斧神工"的美学境界。

图 4-36　线的分隔形成的树型书架

图 4-37　线的中心限定

图 4-38　古代的白描手法

但这一切都离不开线对其形态的勾勒。

因此，在三维的形态里，我们可以用以简洁、质朴的语言，用线条来勾勒形态。形体线的外在形态表现就是形状或轮廓，是设计对象最基本的特征。对于无论怎样复杂的形态视觉，首先感知的是它的形状和轮廓。形体线决定了其造型的基本形态。线具有丰富的表达语言。物体的内在功能虽然没有什么变化，但通过线形变化会形成总体感观不同的风格。想用线条勾勒出物体的完美形态，必须做好以下几点。

图4-39 明代官帽椅

1）线形是一种形象语言，在设计中针对不同的产品功能特征寻找到线形组合关系予以表达

比如微电子产品的精密感可以用刚挺的直线、微妙的大弧度线面、饱满的弧面交替表达（图4-41）；机械工具的精密构造可以用直挺切面、有机的弧面、吻合的手感曲面交叉表达（图4-42）；家用轿车的现代时速感可以用线面的流畅、主体面的多变线形中见细微的过渡表达等。

图4-40 藤编座椅

2）要掌握线形变换组合联结的技巧

在设计中，要注重单根线条的个性，注重以线延展形成面的转折变化，还要注重运用线条在大的面积和结构上的分割效果。在大面积的平整面上运用适当的线条能够表现出一定的起伏关系；在产品外壳部件的联结处运用线条能够表现出生动的变化，会给产品增加活力和动感。现在许多电子产品上都充分运用线条来表现产品的视觉特征和美感。

图4-41 SONY的微电子产品

3）要掌握不同背景要求下的各种产品的表现特性

微电子技术的空前发展，形成了一些具有规范符号特征的象征性线形；崇尚休闲生活品质的潮流，产生了随意交错表达的线形个性；精密加工技术的发展，带来了微妙渐变的细腻过渡的线形风格。要善于借鉴每一产品系统中的成功线形表达原理，在此基础上线形的表达力才会更洗练、更强烈。

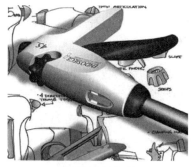

图4-42 电动工具

■ 设计形态

图 4-43 包装设计中的线

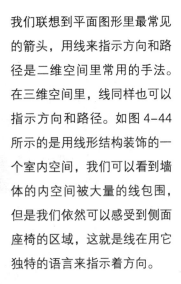

我们联想到平面图形里最常见的箭头，用线来指示方向和路径是二维空间里常用的手法。在三维空间里，线同样也可以指示方向和路径。如图 4-44 所示的是用线形结构装饰的一个室内空间，我们可以看到墙体的内空间被大量的线包围，但是我们依然可以感受到侧面座椅的区域，这就是线在用它独特的语言来指示着方向。

4. 提炼线性结构

线的艺术职能，不但能连接各个物体或块面，使支离破碎的形态富有整体感，形成连贯的结构，又可使艺术作品经纬清晰，主次分明，呈现出骨架脉络。线的种种结构形式都有利于形象的塑造。它的这种线性结构特征，我们往往可

图 4-44 线指示方向和路径

4）要灵活运用各种线条

比如在包装设计中（图 4-43），我们对线的解读主要体现在形状、形体线条美上。线是立体造型最基本的设计要素之一，是最富有表现力的一种手段，线的对比能强化造型形态的主次及情感。但美的线条究竟从何而来，如何可以使线条有足够的视觉饱和度，有特定的、美的形状，有适合的质感，又如何使这些线条符合时代审美及特定的文化的、性格的感觉需要长期体验和实践。

3. 指示方向和路径

我们也可以用线来指示方向和路径。这让

以加以逆向利用，用线形结构的提炼来表达整个艺术作品。比如中国的明式家具在稳定中求轻巧，简朴中显情趣，线形的圆畅中含转折变化。家具吸收了大量中国古典大木作工艺手段，加以提炼，造型简洁干净，大量运用"线"，以横竖直线条组织结构。

如图 4-45 所示的铝合金水果托盘，由澳大利亚设计师 Bjorn Rust 和 Surya Graf 设计，是一种由托盘和底盘两部分组成的水果篮。产品的线状托盘是由铝合金做成，整个系列是一套独特的筑巢托盘结合密封底盘的水果盘。简单的整体形式结合微妙的细节使这些作品在各种室内环境中摆设都显得很和谐。

如图 4-46 是 PLANK 的家具展会的一个构架，白色构造看起来与包裹相关联，但却没有包裹。纵横交错的线条形成了一个紧闭的外壳，但是却有一个开放的外观，黑色的家具被有条理地陈列在展示空间里。

四、课题训练

1. 线的个性

这个课题的训练分成两步进行。

第一步，首先从画线条开始。想找到三维曲线的感觉，先要尝试画出合适的二维曲线。以动物、植物等自然形态为原型基础，用木炭铅笔速度很快地画出你的感觉，速度越快越好，抓住原型的第一感觉和本质特征。如图 4-47 所示为以飞为感觉画的一组线条。

图 4-45　线形结构式的水果托盘

图 4-46　PLANK 的线形结构展会

图 4-47 从画线开始　　图 4-48 把画的线立体化　　图 4-49 舞动的线条：定数量，设计线

第二步，在空中把你的曲线立体化。选择你画的比较有感觉的二维曲线进行试验，可以用铜丝和尖嘴钳来进行模型的操作，因为铜丝有比较好的弹性，所以要想办法把铜丝的曲线弧度拉顺，最后把你的造型定在 30cm×30cm 的木板或者 KT 板上（图 4-48）。

要注意的是，你要学会如何在既定尺寸的地板上，最大限度地向空间内和空间外塑造三维曲线。

2. 舞动的线条

以舞动为主题，设计一系列三维线条。但是每组舞动的线条都在一定限制下进行。

（1）定数量，设计线。选择 4 种不同的曲线和两条直线。这时你的手中只有 6 条线，用你手中的这 6 条线进行排列和组合，构成舞动的线条（图 4-49）。

课题辅导：你可以尝试着把它们分成 2 组，再把 2 组组合在一起，或者分成 3 组，再把 3 组组合在一起。最后把它们放在同一底座上面。

• 你可以在第一组中设计一条最大的曲线，然后在第二组的设计中尽量设计出能和第一条互补的曲线，让两者形成反差。

• 要注意两个最大的曲线的张力关系。这种张力关系也是要靠研究它们的重垂点得出。

（2）定长度，设计线。找一段 45cm 长的铜线，将它进行三维曲线的制作，最后把它固定在底板（图 4-50）上。

课题辅导：

（1）注意开始制作的顺序。从顶部入手还是底部入手？做的时候，要依靠你对结构的感觉来制作你的曲线，可能从顶往底做，比从底往顶做更加容易。

（2）中性曲线还是反向曲线？有些曲线可能自身不是非常有趣，比如中性曲线，所以我们刚开始入手的时候可以不从中性曲线入手，可以从反向曲线开始入手，从比较有趣和生动的形态开始做，会有一个好的开始。

（3）注意曲线的张力和方向。当你设计你的曲线的时候，你不要只是单纯地把它弯曲，要注意它的张力。尽量把曲线控制在一个平面里面，这样的不同微角的曲线，会产生不同的方向。

（4）注意曲线和底座的关系。分析一下你的线条在哪个角度看比较好看。有时候一个平淡的曲线本身好无乐趣，但是当我们变化了它

第四章 线的勾勒

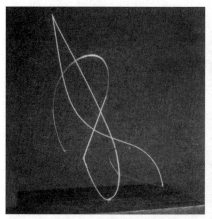

图 4-50　舞动的线条：定长度，设计线　　　　　　　　图 4-51　舞动的线条

的支撑，即变换了它和底板之间的角度关系，它便会突然会变得生动和有趣起来。这条曲线，采用和底板直角的关系，显得比较平淡，但是当我们把它斜置，与底板成锐角的时候如图模，这个三维线突然变得生动起来。所以，如果你的曲线和你的底板要成直角的位置，这条曲线应该要冲击力强些，有着良好的速度感，这样当直角放置的时候，才能和底板形成强烈的对比。

（5）注意线和线的交界的处理。当我们制作完第一条曲线后，要制作第二条曲线，我们可以在第一条曲线的末端，用弯嘴钳稍微扭个小角度，让它转换到另外一个方向，再继续进行下一条曲线的制作（图 4-51）。

（6）注意线和线的对比关系。你可以把反向曲线和直线连接在一起，也可以把重垂线和直线放在一起，形成强烈的对比。你也可以通过控制线的长短来形成线对比，比如把较长的反向曲线和很短的直线连接在一起，形成很大的反差。

（7）注意制作的初衷和方式。这个联系，不是要用线来描述形体的体块，所以我们不用考虑这点。其次，做这个练习的时候，要保持自发的激情状态。不要过多地依靠理性思维，你要快速地，有激情地开始你的创作，起步了以后再慢慢调整和收拾形体。

第五章　面的围合

在生活中，面随处可见，它从正面上看像块材，从断面来看，像线。如图5-1所示的海洋生物。曲面表面有着起伏的变化，形成了空间层次多，具有充满力度的轻薄和延伸感、动感的形态。又如图5-2所示，以面的大小、宽窄、高低、方向、间距的不同进行组合，构成富有变化的空间形态。在这一章里，我们将对面的概念进行阐述。

图5-1　面的形态——海底的生物（1）

一、面的特性

1. 面——有界定功能的元素

面是一种有界定功能的元素，是承载物质的基准。在几何学的意义上，面是线移动的轨迹，是具有长度、宽度而无厚度的形体，面还有深度，但深度受一定尺寸制约，具有平整性和延伸性，它只是一种只有表面方向和倾斜角度，没有体量的元素。面的最大特征是可以辨认形态，它的产生是由面的外轮廓线确定的。面在形态中，有一定的功能作用，起到了划分（图5-3）、支撑（图5-4）和围合的作用。

图5-2　面的形态——海底的生物（2）

2. 面的边界

面是有一定的边界的。面的边界往往和它的轴线呈现同样的特征。如果面轴线表现为直线，它的边界也表现为直线；面的轴线表现为曲线，它的边界也表现为曲线。如果你要创造一个非常有动感和力量的面，那你要做的是让观看者的视线延着你的面来位移，而不是延着

图5-3　用面划分空间

第五章 面的围合

图5-4 用面作为容器起到支撑的作用

图5-5 边界为折线的面（1）

面的边界来移动。因此虽然面的边界对整体形态起到了一定的影响，但是对形态起主体作用的还是面自身。如图5-5～图5-8的一组户外公共座椅，图5-5和图5-6的座椅，轴线为折线，边界也是折线形态；而图5-7的座椅轴线为曲线，它也形成了曲线的边界。但是如图5-8所示的座椅虽然座椅的轴线为直线，但是整个座椅呈现出非常有动感的状态。

3. 面与面的组合

面和面组合的时候，有多种组合方式。从位置距离上来说，面和面的状态关系可以为相离、相接或相交的关系。这里，我们要提的是面和面之间的视觉联系性。当面和面处在相接和相交的状态，联系自然相对强些。当面和面处在相离的状态时候，面的这种视觉联系性，

图5-6 边界为折线的面（2）

图5-7 面的边界对主体不能起决定性作用

79

设计形态

图5-8 面的边线为曲线的户外家具

图5-9 一个精品店的设计

不是靠面的边界来联系，而是靠面和面之间的倾斜角度来联系。

在这里，我们以一组设计精美的精品店为例，来看看面和面的组合方式。如图5-9所示是一个在东京的贝瑞特旗舰店，店面的设计相当精美，它不是一个单一的房间或空间，而是利用各种曲面的不同组合方式，创建了一个圆形通道，让消费者体验到多种不同的空间感受。如图5-10所示的两个主要曲面，由于轴线和倾斜角度在不同的方向，所以并没有太大的连续性，而图5-11所示的曲面，有一个集中的发散中心，并且倾斜角度都是一致的，所以我们感觉面和面是有连续的。

4. 从面发展到体

面是构成体的基本要素，是构成体的基础。而面形成体的过程是多样的。

当面形成一定倾斜角度的时候，构成了体的形态上的变化，具有了体的特征，也就产生了造型。如图5-10，我们把几个面简单地倾斜，就开始略微有了体的感觉，而图5-11所示的座椅，增加了面的倾斜和数量，因此，更加有了体的感觉。如图5-12所示，通过对一张铝板的切割，而后将切割后的面直立起来，居然有

图5-10 面和面的多种组合方式

图5-11 面的视觉连续性

80

了一个丰富的空间。而如图 5-13 所示，将若干面倾斜一定的角度并进行复制，旋转 360°后，形成一个台灯。这时候在构成体的过程中，面的形态也是多样的，它属于体的形态和情感需要。

面也可以通过挤压和拉伸（Excentd）的作用来形成体。如图 5-14 所示的座椅，是介于线，面，体之间的形态，通过对侧面曲线的挤压，产生了体的形态。

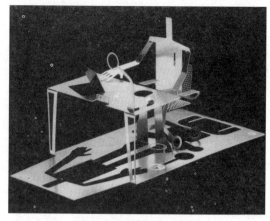

图 5-12　从面发展到体的玩具

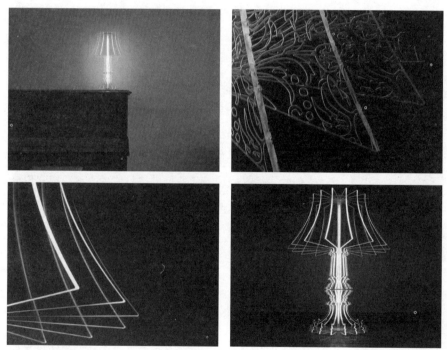

图 5-13　从面发展到体的台灯

图 5-14　从面发展到体的椅子

图 5-15 几何形

图 5-16 有机形

图 5-17 偶然形

图 5-18 不规则形

二、面的分类

1. 平面的张力及其运用

平面也可分为很多种，比如几何形（图 5-15）、有机形和偶然形（图 5-16、图 5-17）、不规则形（图 5-18）。不同状的面表现出不同的情感特征，给人以不同的视觉感受，如：几何形面具有理性的秩序和冷漠的个性，图形简洁明快，易于被人识别记忆；有机形面具有纯朴的视觉特征，能令人产生一种有秩序的美感；偶然形面有一种天然生成的、其他形态所不能比拟的情趣和意味；不规则形面具有一种人情味的温暖感。因此，不同的面运用于设计中，应依据不同的形态目的，发挥不同面的特征，进行合理的运用，创造理想的形态。

2. 常用的二维曲面及其运用

二维曲面是一些比较简单的曲面，比如一些几何曲面：圆柱面、圆锥面、球面等。

当然还有一些其他的二维曲面，这些二维曲面往往通过它们的轴线来表现。我们可以按照轴线的不同把它们分成如下几类：直轴曲面、弯轴曲面、曲轴曲面、复合轴曲面（图 5-19）。

（1）直轴曲面的轴线是条直线，这条直线穿越过这个面，这个面的边缘线也为直线。

（2）弯轴曲面，轴线通过平面时，先延着一个方向，然后改变方向，可以理解为边缘为直线的面穿过弯的轴线。

（3）曲轴曲面的轴线是条曲线，这个面的边缘也呈曲

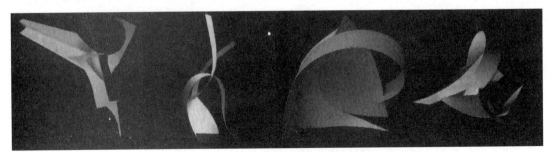

图 5-19 直轴、弯轴、曲轴、复合轴

第五章 面的围合

线状，可以理解为边缘为曲线的面穿过弯的轴线。

（4）复合轴曲面的轴线有很多种方向，曲面延着轴线成多样的变化。

这些简单的二维曲面稍加利用，会有很好的表现。如图 5-20 所示为名为"section"的长凳，是一个直轴面的演绎，该长凳可以当椅子用也可以当柜子使用。如图 5-21 所示是苹果公司利用了弯轴的曲面设计的显示器 IVIEW。如图 5-22 所示是瑞典设计工作室 Addi 设计的 issit 椅子，设计师利用了曲轴曲面，使该椅子看起来有科幻电影的感觉，充满了线条美，就像女性的玲珑曲线。

图 5-20　直轴面：名为"section"的长凳

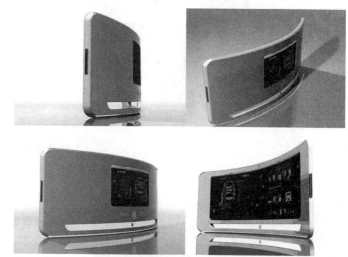

图 5-21　曲轴面：苹果设计的显示器 IVIEW

图 5-22　曲轴面：issit 椅子

设计形态

图 5-23　曲面、断面、扭曲面、组合面

图 5-24　利用扭曲面设计的椅子

图 5-25　断面的建筑引用

3. 有个性的三维曲面及其运用

三维面大体来说也可以分为曲面、断面、扭曲面和组合面（图 5-23）。

（1）曲面是一个简单弯曲的表面，它的表面被弯曲成几个面，但是在过渡处没有很大的扭曲。

（2）断面是指面和面的转折过渡处是硬的棱线。如图 5-25 所示是断面的一个设计再现——古根海姆博物馆。

（3）扭曲面的面是扭曲的，当这个面在空间中转动，它的轴线也在改变（图 5-24）。

（4）组合面是由三个或三个以上不同的面相结合而形成的一组面。这里要提出的是，如果三个平面组合在一起，它也是一个组合面。

形态是通过面的移动——面的三元次组合而形成的立体，面分割的关系决定了造型的均衡与调和，在人的视觉上产生庄重、稳定、韵律及趣味性等几个不同个性。例如球面上所有的线是曲线，但是却存在着由直线组成的弯曲的曲面。圆柱面和圆锥面就是这样的曲面。由此可以看出线所移动的轨迹所形成的面的不同，同时也产生了实面与虚面的概念。也就增加了形态的变化与空间感的不同，它在人们需求的改变、不同结构体系的运用上是有差异的。受功能结构的约束，面的大小和方向伸展都受到束缚，因此所体现的内涵也不一样。

4. 面的综合运用

设计中的面大多是有限范围的面，独立于周围的空间，而且大多有着一定的厚度，大的面与小的面有一定的对比时，也就构成一定的装饰作用。

在设计中，不仅可以利用面来使得产品具有整体感，而且面的形式能有效地吸引人们的

第五章 面的围合

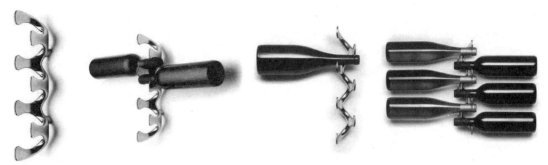

图 5-26 壁挂酒架面

注意力，因此，面是搞好设计不可缺少的要素。在设计中运用面可以采取移植、变化、嫁接、转换等变化方法。值得注意的是：面的切割可获得新的面，因此在设计中，要依据不同的造型目的，发挥面切割的灵活性，进行合理的组合，创造出理想的形态。

如图 5-26 所示是丹麦设计师 Jakob Wagner 设计的壁挂酒架。

设计师的灵感来自于醇酒之母，利用了葡萄那错节分歧的藤蔓三维曲面为形态基础。美酒可以安稳地悬空于壁挂外，并且不伤酒瓶封口，每个酒架可以放六瓶酒，无论是普通的酒瓶、较瘦的酒瓶，或是较圆的香槟瓶皆适用。

如图 5-27 所示是位于日本长野的贝壳场馆，这个地区有着潮湿的夏季以及寒冷的冬季，为了能够承受如此特殊的天气，设计师采用钢

图 5-27 日本长野的贝壳场馆面

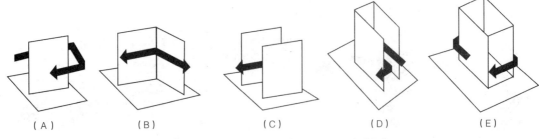

图 5-28　一个面、两个面、三个面、四个面在空间的围合

筋混凝土，建造两个类似于海螺的椭圆形壳体，木材料主要是用来建造一些梯田式的地板楼阁。整体场馆的造型简单优美，依然传承了日本的理念风格，从而展现出人与环境的平衡。

三、面和空间的关系

1. 分割或围合

面可以起到分割和围合空间的作用。我们用简单的直面和曲面来作解释。

1）一个面

如图 5-28 的 A 图，当空间中只有一个面的时候，我们可以看到这个面在空间中起到了一定的中心限定的作用。也就是这个面向外辐射成一定的空间。如果在马路上有这样一个面，人们会自然而然进来在这里依靠和躲雨。一个面对空间的分隔作用稍弱。

2）两个面

如图 5-28 的 B 图、C 图，如果有两个面，自然会产生一定的围合感和驻足感。B 图的两个直面产生了一定的导向和方向感；C 图的相向曲面或者说是平行曲面的闭合感很强，产生了有趣而生动的空间。

3）三个面

如图 5-28 的 D 图，三个面的围合感更加强烈了，而三个面的不同的大小导致了其不同的进深，也产生了不同的围合感觉。如图 D 的围合感就比图 C 要强烈。

4）四个面

如图 5-28 的 E 图四个面产生了全包围的围合方式，这种方式界限最明确，围合感最强。

当然上述提到的这些只是简单的直面和曲面所产生的空间分割围合关系，如果是复杂曲面，空间的关系将更加复杂。如图 5-29 所示为一个临时搭建的展示空间，我们可以看到主体的大弧度曲面对空间进行了分隔，规划了这个展区，同时这个弧度面的微微抬起，又起到了半围合的作用。

2. 空间布置

既然面可以分隔和围合空间，也就是说它有制造和划分空间的功能，那我们就可以用面来创造空间的大小关系。要用面创造主要的、次要的和附属的空间。主要空间是空间中占有最大体积关系和最生动的空间。次要空间在形态上是主要空间的补充。附属空间可以加强前两个空间的不足，让整个形态更加立体。如图 5-30、图 5-31 所示，分别是一些用面来分隔空间的一些室内设计，尤其是 5-30 所示的咖啡馆，在用面来分隔空间的同时，面自身也变成了家具，更大程度上节约了空间。

图 5-29　曲面对空间的分隔和围合

图 5-30　一个咖啡馆的室内设计：用面来分隔空间

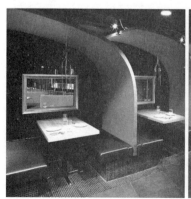

图 5-31　意面馆和咖啡馆的室内设计：用面来分隔空间

设计形态

图5-32 一个卡拉OK厅的室内设计：注意面的流动性

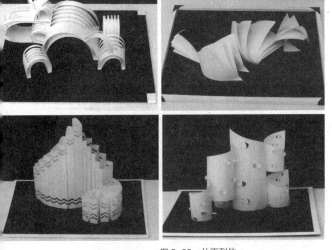

图5-33 从面到体

3. 围合空间的流动

面分割和围合产生的空间在很大程度上体现的是面面之间的凹空间关系，以及面空间周围的凹空间关系。这种"凹"空间关系，势必会带来一定的空间流动。面的边缘和面的轴线间的协调，会产生空间的流动。当有多个面，有多个间断的轴线，穿过这些轴线会产生一种视觉连续性。面和面的倾斜，会产生面的连续。如果要让面产生流动，要注意过渡部位的线条角度，要衔接的非常自然。如图5-32是一个卡拉OK厅的设计，在厅的顶部，用了流线型的曲面，增加了整个空间的流动性，也使得整个卡拉OK厅的氛围更加有动感。

四、课题训练

1. 从面到体

要求：用折纸的方法进行试验。用一张A3大小的纸，在纸面上沿着一道或者多道线进行划切或者折叠，把纸面抬高和互相插接形成三维形态。你可以尽情制作，从中选出一个加以命名，作为浅浮雕或者独立的雕塑。你可以重复同样的切割方式，看看能发展出多少种形式（图5-33）。

课题辅导：你可以尝试着从简单的直面，弯曲面，曲面，断面和扭曲面开始制作，考虑它们在水平和垂直方向上的平衡。

2. 有个性的曲面形态

要求：用卡纸，创造些有个性的曲面形态。你可以定一些抽象的主题，这些主题尽量为动词和形容词，比如"飞"、"扭"、"慢"、"静"等主题，大小控制在50cm×50cm×50cm的立方体内。

课题辅导：

（1）做的时候要充满激情，因为大部分词汇都为动词或者形容词，你可以从你对这个词汇的第一感觉开始，甚至由这个动词联想到一系列名次和物体，保持这种方向开始制作，然后再进行提炼和收拾。如图5-34所示是以"飞"为形态主题的曲面形态制作。

（2）尽量选择一些特殊词汇，一些比较容易表现的词汇，而且这些词汇尽可能为动词和形容词，因为名词反而会限制住你的想法，拘泥于原始的形状。

（3）忘掉面的边界线，从基本的平面开始创作。

图 5-34 以 "飞" 为主题的曲面

（4）当有一定的雏形时候，你可以开始对它的比例关系开始细微的研究，这时你可以画些草图加以对比分析。

3. 围合面的空间感性表现

要求一：定面积，进行围合（图 5-35）。用 1～3 张 A3 大小的纸，对这些 A3 的纸张进行切割，可以切割为平面，也可以折叠为曲面，然后把这些面进行插接围合，看同样大小的纸切割后，到底最后可以出现多少种美的围合方式。

要求二：不定面积和材质，进行面的围合。依然使用纸，制作围合的面，最后的作品形态要丰富有趣（图 5-36）。注意围合空间的连续性和流动性，面的相互关系等。

课题辅导：

（1）要注意面类型上的对比，以及比例上的对比关系。

（2）要注意力的平衡，各个面的力的总和就是这个作品的视觉平衡。

（3）要注意面的围合和虚实关系，尽量让你的面有需有实，并且固定在一个底板上，在各个方位观察整体形态是否完美。

（4）可以选择 2～3 个颜色的纸张进行创作。

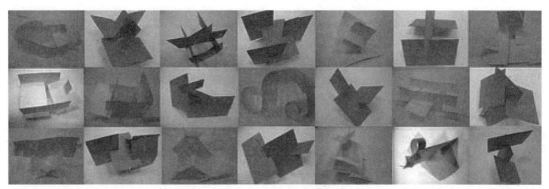

图 5-35 围合面的空间感性表现（1）

图 5-36 围合面的空间感性表现（2）

第六章 体的包裹

面的围合运动或延展运动形成了体。体不仅包含了点、线、面的形态要素，而且包含了点、线、面的运动空间要素，所以体是点、线、面的空间组合。体是由长度、宽度、深度三个次元所共同构成的"三维空间"，它占有实质空间，从任何角度都可以通过视觉和触觉感知它的存在。体给人实在、确定、可靠的体量之感。各种形态的体，其性格各有差异。比如，立方体（图6-1）具有厚实、稳定、庄重的体量感；球体、圆柱体、立方体、四棱柱体和四棱锥体（图6-2）等给人以明快、舒展、活跃的动感；球体（图6-3）具有活泼、跃动的动态美；柱体给人以强烈的耸峙、向上的动态美感；锥体（如图6-4）却给人以展开、轻盈的动态美感。体的主要特征是量感的表现，体现体的体积、重量和容量的共同关系，体的量感包括实体的表现和虚体的存在。

因此，体的形态是占有三维空间，以特定的物质材料，按特定的结构方式构筑起来的实体。立体形态的设计是使用各种基本材料，将造型要素按照美的原则组成新的立体形态的过程。它涉及美学、材料学、心理学等多种学科。它探求形态的本质和造型的逻辑结构，是造型的方法论。立体形态的造型语言，涉及立体形

图6-1　以立方体为形态基础的建筑（圣彼得堡）

图6-2　以变形四棱锥体为形态基础的教堂（Jyllinge小镇）

图6-3　以球体切面的变形为形态基础的悉尼歌剧院

图6-4　以锥体为形态基础的安大略皇家博物馆

态和立体空间意识的建立，形式美在立体形态设计中的应用以及材料等。在这一章里，我们将对体的概念进行阐述。

一、身边的形体

1. 体块的比例关系

要注意体快的比例关系，这里的比例主要有三种：固有比例、相对比例、整体比例。

（1）固有比例指的是一个形体内在的各种比例关系，即物体自身的长、宽、高。如图 6-5 所示为一个双人座悬臂椅，我们可以在图中清楚地看到这个座椅自身的长、宽、高的比例关系。

（2）相对比例指的是一个形体和另外一个形体之间的比例关系，比如高和矮、瘦和胖。如图 6-6 所示，同为悬臂椅，前面白色的椅子和后面黑色的椅子之间的比例关系就是相对比例。

（3）整体比例指的是组合后的形体的总体形态或者是整体轮廓的比例。就像我们在画素描的时候，老师常让我们眯起来看大效果，这种眯起眼看到的大效果就是大的整体比例关系。在特征方面，要注意这个物体从三维的各个角度看，都是美的。比如，可以使用一些手段，从水平方面夸大一些形体，从垂直方面夸大另外一些形体，使得形体从各个方向看都是饱满的，也在一定程度上达到了稳定的状态。如图 6-7 和图 6-8 所示，这是三个悬臂椅组合起来以后成为一个户外公共家具，它所呈现出来的总体形态就是整体比例。

在试验和研究物体的比例关系上，我们无法用尺去严格测量各部分的比例大小尺寸，如果是比较小的形体，我们只能用肉眼和多次尝试的方法来评估各个设计元素的体量关系；如

图 6-5 物体的固有比例

图 6-6 物体的相对比例

图 6-7 物体的整体比例（1）

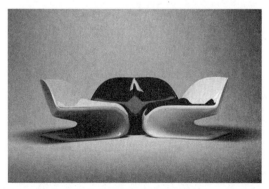

图 6-8 物体的整体比例（2）

设计形态

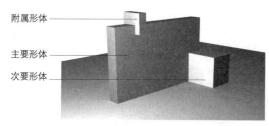

图 6-9　主要形体、次要形体和附属形体

属形体（图 6-9）。

（1）主要形体指的是在整个形体中元素最大的一个，是最有趣和最生动的一个，在各组成部分中占主导的位置。

（2）次要形体指的是它在形态方面是对主要形体的补充。次要形体在体积上肯定弱于主要形体，在方向上可以和主要形体一致，在轴线方向上也可以和次要形体相反。

主要形体和次要形体的关系是很重要的，它们之间互相补充又互相吸引。

（3）附属形体指的是在大形体中它处在可有可无的状态，但它的存在可以使整个形体更加丰富和有趣。附属形体常常使得整个形体更加具有三维感觉，弥补了已经存在的各个形体，实现了各个形体的统一。它并不像主要形体和次要形体那样独立。要注意的是，它的目的不是为了增加形体的细节，而是为了弥补主要形体和次要形体的缺失。

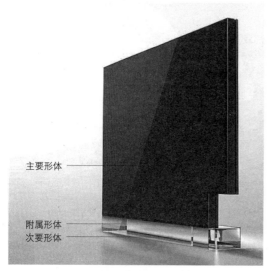

图 6-10　FRST 设计工作室设计的平板电视

果是比较大的形体，比如建筑物，我们可以用步测或是相对比较的方法来评估它们的体量关系，以达到最完美的平衡和丰富的状态。

一个美丽的形体和普通的形体之间的区别就在于它们比例和尺度的精确关系。精确性是一种无法触摸的特性，但是能否对这种尺度进行准确把握直接影响到艺术家和设计师作品的好坏。在实际生活中，我们要学会经常用目测和比较的方式来考量各种形体之间的比例关系，以培养我们对形体的感觉。

2. 体块的主次关系

总体来说，一个物体的体块关系可以抽象为三大部分，分别为主要形体、次要形体和附

生活中的很多物体的形态都是由这几部分组成的，分析物体的主要形体，次要形体和附属形体，对我们观察和分析形体是非常有用的。我们以最简单、最常见的电视机为例来解释体块的主次关系。如图 6-10 所示是 FRST 设计工作室设计的平板电视，我们可以看到黑色的主要大块体积是它的主要形体，透明的部分是它的次要形体，而电视机上的按钮只是附属形体。

3. 体块的轴线连接

在研究物体的体积关系以外，我们必须仔细定位形体的各个轴线。轴线指的穿越物体最长的那一维方向的线，它是一条抽象的线。轴线在潜在中体现了物体的运动趋势和在空间中的位置。

在研究物体的轴线关系的时候，我们通常

需要注意如下几点。

（1）假设在一个三维的空间里，有各个方向的轴线，我们通常可以假设有最简单的三个方向——X轴线、Y轴线和Z轴线。为了保持物体的平衡，我们通常要保持轴线的稳定，我们可以让X、Y、Z的轴线互相垂直（图6-11）。轴线的互相垂直可以导致物体更加有立体感，摆脱平淡无奇。在设计中，如果想让设计更加具有立体感，就要尽量使大量的轴线运动起来。

（2）当无法确定形态时，我们可以尝试在各个方向对设计进行设想和尝试。在确定了物体的体积后，可以把它放在不同的轴线上进行尝试，同时转动你的草模，以便在各个角度观察形体，以保持整体关系的平衡。

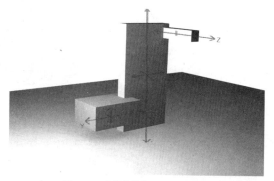

图6-11　保持物体的轴线垂直以平衡

4.体的视觉平衡和视觉结构感

在这里，我们要提到视觉平衡和视觉结构感。

视觉平衡主要包括以下三个平衡：独立性平衡、依赖性平衡和不稳定平衡。

1）独立平衡

独立性平衡指的是作品中的面或者体块，自身是平衡的，它本身处在比较好的位置，在不需要其他的物体的影响下，它也能保持平衡。它很有可能和水平轴线或者垂直轴线平行。如图6-12中的半圆形雕塑，本身的重心处在非常稳定的局势下，也就是说它所处的姿态不需要其他的形体辅助，也能很好地保持平衡性。

2）依赖平衡

依赖性平衡首先可以是作品中的一个形体和另外一个形体，两者之间互相依赖，实现平衡。这种平衡也许是为了实际的结构，也可能是为了视觉上的结构。

其次，依赖性平衡可以拓展到一组形体——三个或者四个形体的平衡。如图6-13所示的

图6-12　独立性平衡

图6-13　三个形体间的依赖性平衡

设计形态

图 6-14　组群式的依赖性平衡　　　　　　　　　图 6-15　不稳定平衡

同样三个半圆形雕塑，弧度近似，但是互相交错。我们再仔细观察下它的轴线和重心等，可以发现三者之间相互依赖形成了一定的平衡性。

再次，依赖性平衡可以拓展到一组群和另外一个组群的平衡（图 6-14）。

3）不稳定平衡

不稳定平衡指的是作品让我们感觉到平衡，但是稍微一有变化就会失去平衡，也就是一种瞬间的平衡。就像芭蕾舞演员用足尖直立，这个姿态只有瞬间才能得到保持（图 6-15）。

在考虑视觉平衡的同时，我们要考虑到形态的视觉结构感觉。

每个作品的形态都是有其自身的支撑关系的，这种支撑所产生的结构关系，一方面是一种物理结构关系，同时也是一种设计的结构关系，我们把这种支撑形态所产生的设计结构关系称为视觉结构感。换句话来说，每个形体都有其最美丽的一个角度，我们在设计形态的时候，要考虑到这个形体究竟在哪个位置，看

图 6-16　1 号圆柱体、2 号圆柱体、3 号圆柱体

起来感觉最舒服。例如，一个特定的圆柱体，我们把它放在不同的角度观察它的美感（图 6-16），1 号圆柱体处于水平的状态，2 号圆柱体处在垂直的状态，3 号圆柱体处在 45°的状态。你是否会觉得在 45°的 3 号圆柱体比另外两个要生动很多？当然这里的 45°不一定是最美的角度，这个最合适的角度和物体自身的体积或者说长、宽、高度有关，每个形体的最美的视觉结构要靠时间和长经验来判断。当你设计出一个美丽的形体的时候，要摆脱常规的水平或垂直摆放的概念，尝试着不同的角度来摆放它，会有意想不到的结果。

那么，我们如何来研究这种视觉结构感呢？

首先我们要弄清楚形体和形体之间的关系，这种关系在之前的三点中已经提到。

再次我们要分析形体和形体之间的张力。什么叫作张力呢？先从平面的角度来引入，最常见的就是点的张力（图6-17）。三个点在三个不同的位置，但是我们看到的确是三角形，因为三个点之前在无形中形成张力，这种张力在视觉上产生暗隐的线，自然就形成了三角形。

同样的，在三维的世界里也同样存在张力。这种张力主要表现在三个方面：第一种，各个体块轴线之间的张力，我们把形态和轴线定出来以后，会发现这种张力是十分精确的，甚至可以用线来画出来。第二种，各个平面间的张力，这种张力是意识形态中的力，无法用图来表达，但是我们可以感觉到。第三种，各个曲线的重心之间的张力，这就如同之前所说的点张力，它能表现物体最大的扩张区域。你可以尝试去改变张力，进而改变体块的关系，从而达到最美和最有趣味的形体。如图6-18所示为一组体块的结合练习，我们可以从各个角度感受到轴线、平面，以及重心的张力所带来的视觉平衡感。

如果上述的几点，你都可以完整地考虑到，那对形态的把握相对来说已经有了一个完整的设计描述。如果形态还是不令人满意，或者平

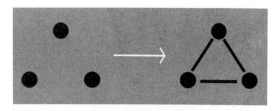

图6-17　由三个点引起的张力

淡无奇，你可以尝试问自己以下的问题。

（1）主要形体和次要形体之间有对比么？

（2）形体之间有互补的关系么？其形状的大小是不是太相似了？

（3）你确定主要形体是占主导的位置么？主要形体是不是放得过下了，仿佛把其他形体抬高了，而自己屈就在次要位置了？

（4）你的附属形体是不是增添了整个形体的三维感？是否让整个形体得到了统一？附属形体是不是画蛇添足，有很孤立的感觉？

（5）你的设计是不是从顶部、俯视、旋转的各个方向都看上去是完美的？

（6）这是一个有趣的设计么？你自己是否喜欢？

二、体的组合

体的基本种类主要有直棱体、曲面体、切块、高级造型等。

图6-18　控制好各种张力的一组体块

设计形态

图 6-19 楔入

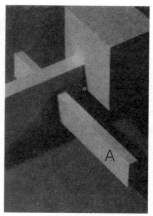

图 6-20 相贯

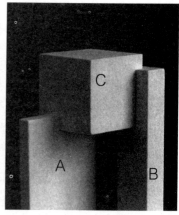

图 6-21 支撑

1. 直棱体的组合及其应用

直棱体的类型：直棱体主要包括长方体（图6-19）、正方体。

直棱体的连接方法一般有三种：楔入、相贯、支撑。

我们用三个物体 A、B、C 之间的关系来解释三种形体关系。

（1）楔入。如图 6-19 所示是一种楔入的关系，物体 A 和物体 B 交集在一起，但是并没有哪一方穿透哪一方。

（2）相贯。如图 6-20 所示是一种相贯的形式，物体 A 穿过了物体 B。

（3）支撑。如图 6-21 所示是一种支撑的关系，物体 C 之所以能稳定在上方，那是因为物体 A 和物体 B 对它起了撑接的作用。

直棱体正如之前所提，大部分呈四四方方的形态，给人厚实、稳定、庄重的体量感。但是当多个直棱体合理地搭配在一起的时候，也会产生非常活跃的感觉。如图 6-22 所示为阿姆斯特丹的老年公寓，它灵活运用了直棱体的各种连接方法，形成了一个非常有特色的建筑群体。所以对于非常简单的形体，若是加以合理运用，也会有非常好的效果。

图 6-22 Wozoco 阿姆斯特丹老年公寓

2. 曲面体的组合及其应用

曲面体的类型主要有：球体、半球体、圆锥体、圆柱体、椭圆体、椭圆基座、半圆圆体和圆形基座（图6-23）。

为了加强曲面体的感觉，我们建议大家可以选择三至四个曲面体组合起来，我们在建立曲面体时应注意以下几点。

图6-23　左起上行：球体、半球体、圆锥体、圆柱体；
左起下行：椭圆体、椭圆基座、半圆圆体、圆形基座

（1）首先选择你喜欢的固有形体，然后附加其他形体。其次考虑其体块、比例和特征的互补关系。例如，如果你喜欢圆锥体，你可以选择修长形态的圆锥体，因为修长的圆锥体更能有支撑作用，并且占主导地位，其次在圆锥体旁附加其他形体（图6-24）。

（2）确定轴线的位置。正如之前所说的，要让形体更加有立体感，我们需要创造不同方向的轴线，让各个体块都处在运动的关系中，使得形态有张力。

图6-24　先选择你喜欢的固有形体，然后选择附加形体

（3）建立主要的、次要的和附属的关系。我们需要把最有趣的形体放在最主要的位置，不一定把最主要的形体放在最底部，相对而言，顶部比底部更引人注目。如果这个物体一定要放在底部，它的形态必须非常有个性。如果每个形体都非常有个性，那么组合出来的形态将是一个非常有趣和生动的构成。

（4）控制好形体的比例关系。正如本书中之前提到的固有比例、相对比例和整体比例。

（5）揣摩形体间的结合方式。灵活运用相贯、楔入、支撑等方式。例如只有纤细的形体贯穿到其他形体是比较容易的，在很难贯穿的情况下，你可以考虑其他的方式来结合两个形体。

（6）描述你作品的运动曲线（图6-25）。将你的双眼紧盯你的作品，看它是否能延着一定的路径穿透你的作品。

（7）注意你的作品中存在的空气体积。什

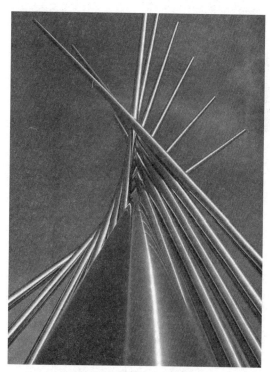

图6-25　作品含有一定的运动曲线

设计形态

图 6-26　作品含有一定的空气体积

图 6-27　曲面体的运用

么是空气体积？空气体积就是相对实体体积而言，比如凹形体的周围，以及形体和形体之间的体积都是空气体积（图 6-26）。

（8）观察是否各个方向的力可以达到平衡。在你的作品中，两个最大的形体，应当占有 2/3 的平衡力，并且各个方向的平衡力是所有运动力的总和。

曲面体在设计中常常被大量的利用，如图 6-27 左下方的"云椅"，由设计师 Richard Hutten 设计，这款作品不仅可以看作一款家具，还可以看作是一件雕塑，它使用铝铸造然后镀镍，利用了众多球体的组合，生动而有趣。图 6-27 的其他设计为日本设计师之父 Toshiyuki Kita 的作品，从 Toshiyuki Kita 的设计中我们可以看到所有日本设计的特点——精致、简洁，他为欧洲和日本的一些公司做了很多家具、电视架、家庭用具、仪表等的设计，虽然种类众多，但是我们可以看到很多设计都是由最简单的曲面体为基本原型而扩展开来的。

3. 直棱体和曲面体的组合及其应用

我们可以适当地做一些直棱体和曲面体结合的练习，当我们做这些练习的时候，需要注意如下几点。

（1）当我们把轴线放在适当的位置来观察视觉结构的时候，主要的、次要的和附属的形体不仅仅是轴线的运动，它们还有自身的重量和体积，这种重量和体积也会在总体构成中影响形态的视觉构成。

（2）避免把形体排成很长的一条直线，这样会显得单调和乏味。

（3）我们可以把形体分成几个小组，再把这几个组作为单位，进行排列。这时我们可以发现单个物体的运动可能停止了，但是整体运动产生了。这就是所谓的群组运动，即我们让形体赋予了动势。

（4）你可以尝试，把作品中各个方向的力的总和加在一起是什么效果，也必须从各个角度来观察你的作品，看看最不好的角度是哪个角度，从而调整其形态。

直棱体和曲面体相结合的例子，在设计中非常常见。在这里，我们指的结合不单纯指是之前我们所提的正方体、长方体和圆体的结合，而是一种宽泛的曲直相结合的设计概念。"方中带圆"或者是"圆中带方"的设计往往非常精致而饱满。如图6-28所示是来自荷兰设计师Bertjan Pot的办公产品系列，包括办公家具、笔筒、记事板、废纸篓等，废纸篓的设计打破了概念化的圆柱形的体态，而是结合了部分直棱体，内敛而优雅，可靠墙而放，节约空间，最大程度地方便了办公人群的日常工作。如图6-29所示是香港著名设计师和美兆家具合作的"CUBE-方圆系列"，方是它的形态，圆是它的本性。这种基本的方中带圆的设计，优点是经得起时间的考验，不落俗套，优雅，朴素，不浮夸，童叟无欺，但你却可以在它的作品身上，感受一份"低调的贵气"。

4. 切块的组合及其应用

这里所指的切块指的是：选择任何一个体块，把它切成若干小块，然后把这些小块重新组合成一种新的构成的形式。并且希望这个构成比原来的体块更加有趣（图6-30）。

图6-28 垃圾桶

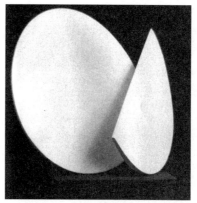

图6-30 切块的多种组合方式

图6-29 方圆系列家具

图 6-31 运用简单的切块形体设计的沙发

图 6-32 运用简单的切块形体设计的 Keer Chair

在切块组合的设计过程中的注意点有以下几点。

（1）要兼顾两头。我们必须考虑到每次切割完成后，剩余的那部分形体是什么样的？虽然我们不用非常精心地策划我们的切割，有时偶尔的行为也会激起设计的灵感，但是我们还是需要注意切割完的两个形体是否都非常美丽。

（2）切块也有主要的、次要的和附属的关系。注意切块之间的比例关系，不一定切得非常均匀，可以尝试着让切块之间有大小和体积的对比。

（3）建立凹形体和凸形体。在切块的过程中，势必会产生一些凹形体，和一些凸形体，需要考虑凹形体和凸形体之间的张力关系，以达到视觉平衡。

（4）尽量不要使用本身很有意思的形体来进行切块，那样会使得最终的形态过于复杂，而缺乏了对切块的自身训练。我们需要很直白地排列将它们组合在一起，比如一对一，一对二，二对一的排列。

（5）如果我们的作品一部分非常简单，而另外一部分非常复杂，这样的组合方式往往不能让整个设计形态达到统一。我们的作品应当看起来与原来的形体完全不同，但是又有新的美感和平衡感。

（6）需要考虑多条轴线的运动。如果我们把一个切块放在动态的位置，而其他切块都放在静态的位置，那么整个形态将很难统一起来。

切块的组合在设计中，尤其是家具的设计中，运用颇多（图 6-31）。如图 6-32 所示由荷兰设计师 Reinier de Jong 设计的 Keer Chair，主要是由聚乙烯片和磁铁连在一起而成的，这个椅子有三种不同的坐法。如图 6-33 所示是自由组合的沙发。这款沙发的特点是能够自由地组合，可拼可合。全部合起来后，不失为一个玩耍嬉戏的好地方。该沙发以红色为

图 6-33 利用切块的概念设计的自由组合的沙发

主色基调，给人视觉的冲击力比较大，时尚感和温馨感便会油然而生。

5. 体块的高级造型及其应用

这里的高级造型在很大意义上，我们所指的是凸体和凹体。凸体和凹体是一个相对的概念，我们在研究某个形态的凸体块的时候实际上也在研究它的凹体块（图6-34）。

凸体是凹体块的形态表现，它可以被挤进凹空间；同样，凹体表现了负空间，可以被挤进凸体块。凸体的特征是重量和体积。

那么如何来创造美丽的凸体块和凹体块呢？

（1）我们可以选择究竟是从外入内，还是由内入外。如果是由内入外，我们可以先尝试着从形态的内框架入手，然后再用包裹的方式来包住整个形体。如果是由外入内，就类似于雕塑的手法，先找一个大体块，然后对它进行切削。

（2）需要注意大体块的轴。对于负责的高级形态，有三种曲线：轴曲线、穿过轴的面曲线和轮廓曲线，它们应该互相联系。而从每个位置看，大体块的姿态和它的轴动关系是设计的核心。它保持了所有关于悬浮、张力和平衡状态的关系。从每个视点上来看，这些轴都应该是平衡的。我们应该从形体的前面感觉到形体的背面，也就能感觉到形体的运动。

（3）保持形态的流畅性，保持整个形态像被水冲刷过一样。我们可以尝试保持我们的视线在形体的边缘游动，不让其出现生硬的物体轮廓线，在夹角处不存在各个相交面。也不要因为长时间地观察而陷入凹体的内部，而应该注意靠近凹体的环绕的部分。

（4）不停地近视和远观。我们可以站在远

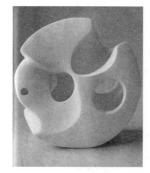

图6-34 凸体和凹体

图6-35 高级造型的座椅（1）

图6-36 高级造型的座椅（2）

处观察形体，欣赏物体的大形态，我们也可以近距离观察，甚至放大一百倍进行想象，我们就会看到各种比例引起的巨大差异。

图6-35和图6-36所示为高级造型在产品设计中的实例应用。尤其是图6-35为一个名为"360°"的凳子，非常圆润和流线型的凸体块和凹体块，构成了富有童趣的座椅。

图 6-37　创造外力的反抗感

三、体感的创造

1. 立体感觉中的量感

立体的感觉是在进行立体构成设计时设计形象在大脑里的反映和心理感知，空间形态的创造是设计的表现，是将设计思想转变为设计作品呈现的关键。作为体量与空间的造形，不在于用尺度来衡量，眼睛是主要的衡量手段，只有这样才能让普通人感觉到无限空间；空间是一首感觉上的诗，而不在于量度，它将自身突然地，完整地表现出来。强调实体或结构对空间的占有、限定以及扩张作用，是立体形态设计作品产生形式美感的极为重要的因素之一。

体的量感分为两种类型，即物理量和心理量。物理量是客观的，靠大小、长短、轻重等表现，是可测量的。心理量即量感，是内力运动变化的形体表现，是生命力，是艺术的感受。体作为一种视觉传达的空间造型，传达给人的信息是感性的。在观测者的观测过程中，得到一个体量与空间的印象，并应用已有的视觉经验对之进行加工从而得出一个体量与空间的判断。这一掺杂进主观意识的空间构造与客观存在的三维造形是不可能完全吻合的。给形态注入生命力，将生命体的生命变化的表现形式移借到造型中。

如果要增加一个形体的量感，我们也可以适度增加它的反抗感，也就是形体的内力具有对外力的反抗作用。它使形体潜在的内力得到最大程度的体现，形成量感。如图 6-37 所示是分别用直棱体和曲面体创造的两种形态，我们可以看到它们的扭动和对力的挣扎感。

2. 立体感觉中的生长感

培养立体感从平面形态思维到立体形态思维的转变是对立体形态把握非常重要的一个环节。平面形态是二度空间的幻像，是靠轮廓去把握的，一个平面只能决定一个轮廓；而立体形态是三维空间的实体，它不仅从各种不同的角度都能看得见，而且也能触摸，没有固定的轮廓，同一个立体形态从不同的角度去观察，均能看到不同的形态。同一个二维形态若是生长成三维形态也会有所不同。由此可见，这种思维的转化不仅是从二维空间到三维空间的变化，而且也是由静止的观念向运动的观念变化的过程。将生长的各种形式加以变化，就会使形态产生活力，使创造的形态有上升的力量感，从而体现形体内力运动变化的形式和奥妙。如图6-38所示为Bicuadro建筑师将在2010年上海世博会提交的意大利馆建筑设计方案。我们可以看到这个立体形态仿佛是从简单的平面线条中生长而起，建筑的整体设计是基于地层、地质研究，着眼于层岩层。而这些形态的生长在一定的高度又进行了搭接和变化，并通过夜间的色彩变化穿过这个建筑，丰富了建筑本身的形态语言。建筑由板状排队的模式比喻，也代表了多层次的历史、生活和文化。这代表了意大利的文化精髓。而如图6-39所示是一个来自意大利的设计"呼啦圈花瓶"。这是一个非常有趣的设计，一系列大小不一的可堆叠的盘子，中部掏孔，可以按照我们的喜好堆成我们想要的高度，想要的形状。这些散乱的圆体，堆砌在一起总是有向上生长的感觉，每次组装都可以创造不同的视觉感，具有名副其实的"呼啦圈"形的动感。

在创造速度感的同时，我们要注意形态的速度感、一体感和整体的动势。在空间中聚集

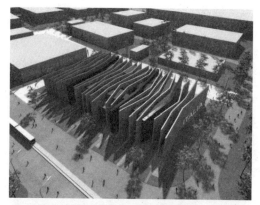

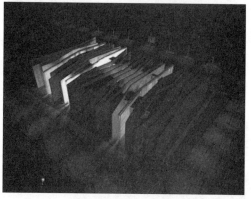

图6-38 创造生长感：2010年上海世博会提交的意大利馆建筑设计方案

图6-39 创造生长感：呼啦圈花瓶

图6-40 一组有一体感和整体的动势的雕塑（1）

图6-41 一组有一体感和整体的动势的雕塑（2）

的不同形体，相互吸引或者相互排斥所产生的力构成了虚中心，或者构成了形体的新中心，而我们要通过对形体距离的调整、疏密的变化，使之平衡、协调，而达到统一。如图6-40所示为由两个形体互相咬合形成的雕塑，我们可以感受到它们相互吸引的虚中心，个体之间有拥抱的动势。如图6-41所示为四个个体组成的雕塑群，个体之间的距离和节奏变换也使得整组雕塑形态和谐而稳定。

3. 立体感觉中的空间感

空间是物质存在的一种客观形式，它分为两类，即物理空间和心理空间。它们分别体现出静的运动和动的运动特征。

物理空间是被实体所包围的、可测量的空间，是实体所限定的空间。

而心理空间并非指空隙和空虚，即使没有明确的边界也可以感受到空间的存在，它来自形态对周围的扩张。信息和条件的刺激使人感受到空间，使人产生知觉的实际效果，因而心理空间比物理空间更具有艺术效果。心理空间即空间感，它的本质是形体向周围的扩张，其原因主要来自实体的内力运动变化的"势"，"势"即张力。这种空间张力既是凭借实体而产生，又存在于空虚之中，形成虚运动之势。势是随空间变化的能量，其作用是创造一种不可视的运动，是创造一种"场"，即知觉力场。在空间中知觉力场包括空间紧张感、空间进深感和空间流动感。

（1）空间的紧张感具有从原有位置离开的倾向，是介于动态和静态之间的一种形态，要动却还未动。具有动的能量，但还没被激发。

（2）空间进深主要是利用视觉经验获得的。例如直线透视可获得近大远小的效果，形的大小渐变也可获得进深的效果。如果在此基础上增加大小变化或中心偏移，那么进深感将得到进一步的加强。阴影也是对距离和深度的表现，对构成立体感具有重要意义。空间因时间而产生变化，成为运动的空间，就具有了流动感。

（3）空间的流动感创造诱导运动的感受，可以起扩大空间的作用，强调进深（进深是观察者观察到的前后距离）创造心理深度，通过对错视利用和纠正来创造视觉深度。如镜面利用人们的透视经验来创造空间新形态，视点移动的停留点多，拉长了距离感，起到消形扩空的作用。它兼有时间性和空间性两个特征，且以时间性为主导，向某一方面扩张。如图6-42所示是由艺术家Anish Kapoor设计的一个公共雕塑，现放在芝加哥的Millennium公园中，这个雕塑整体运用了镜面的材质，加上本身的曲线形体，将外景很好地映射在雕塑上，为雕塑本身增加了向外扩张的空间感。

图6-42 有空间感的立体雕塑

图6-43 三个直棱体互相组合，建立主次关系

四、课题训练

课题一：简单的体块组合

1. 直棱体的训练

用陶土制作50个形状各异的直棱体。因为陶土的可变性，我们很容易对它进行形体的增加和减少。然后将它们每3个一组合，进行形态的组合，建立主要的、次要的和附属的三者的关系，注意固有比例、相对比例和整体比例（图6-43）。

图 6-45 包裹训练

2. 曲面体和直棱体的组合训练

同样用陶土制作 50 个各异的直棱体和曲面体。然后我们选择它们中的 5～7 个直棱体和曲面体结合，要求组合的时候形体之间可以接触到，但是视觉上必须是分开的，即不要让形体产生支撑、楔入或者贯穿的状态，尽量让它们之间结合成一种动态的平衡。考虑每个形体自身的视觉结构，希望得到张力的平衡。

3. 切块组合

首先选择一些简单的几何形体，比如球体、半圆体、圆柱体、长方体、椭圆体、椭圆基座、圆形基座、直棱体等，我们选择其中的 4～6 个形体进行切割。要求至少切成 3 个体块，再用牙签或者大头针组合这些形体。

设计的步骤是可以首先设计几个形体，这些形体自身的形态就比较优美，并且比例和大小特征各不相同。通常我们会选择一些比较重和结实的形体进行操作，比如一个比例上形成对比的直棱体和长方体，原型比例的优美性为切块的开始奠定了基础，我们可以切割其中一个而完整使用另外一个，再将它们组合；也可以把两个都切割，然后组合。

课题二：形体过渡和渐变

这个训练要求学生从一个几何形态过渡到另外一个形态，就像 3DSMAX 的放样一样，但是要求是手工制作。可以采用陶土，做三个训练。首先选择两个基本几何形体，尝试着从一个形体过渡到另外一个形体。第二个训练，尝试着把形态稍加扭转，从第一个形体到第二个形体的过程中能否有所变化？第三个训练，在第二个训练的基础上，自由发挥，把形态拓展成为你想要的小型雕塑。

课题三：包裹训练

选择一件日常生活中实用的物品，用绳子带子之类的其他材料包括起来，不让物品露出一点。然后对自然中的一个物体做同样的事情，也可以用不同的材料包裹它。你如何能用一种吸引观众去考虑解决办法的方式来完成这项任务？包裹的材料和物体可以相互对应么？就像用袋子把一把锤子包裹起来那样，对包裹材料所隐藏的东西是否会产生神秘感？是否会唤起一种幽默感和理智的好奇心？你可以用对比的方法进行创作，例如软和硬的对比，或者用物体和包裹材料之间的密切关系进行创作（图 6-45）。

课题四：创造有语义的凸体块或凹体块

请创作一些有语意的凸体块或凹体块。如果你创造了很多个凹面，那么这个凹面的线应当沿着三维方向运动。如图 6-46 所示为利用凸体块和凹体块设计的拥抱的人的形态。

图 6-46 创造有语义的凸体块或凹体块

课题五：我的流行形态

对最近流行元素、热门话题进行分析，创造属于自己的流行形态。

第七章 综合形态创作

一、构思与创作

1. 确立主题和对象

综合形态的创作是一个循序渐进、慢慢完善的过程。确立一个创作主题是非常重要的。设计师要经常问自己一个问题:"我们到底想表现什么?"这就像一个战略目标,有了它才可以思考表现重点与表现角度,从而进行形态设计的创意突破。

创作主题源于观者的需求、环境的需要,以及艺术家的意图和概念。主题的形式可以是抽象的描绘,也可以是具象的表现。在创意的构思过程中,设计师需要善于联想相关的事物,思考如何用一种视觉形式将这些相关事物的本质表现出来。这些构思能够激发各种视觉感受,利用它们可以培养自己的抽象感觉。

一旦已经锁定了主题和受众对象,那么形态的设计就需要选择相对应的设计元素和组织方式。看一看所用的形态元素、材质和色调,想一想它们是否符合内容和主题的风格特征。

图 7-1 鸡尾酒水水槽

在这里,尤其要提一下受众对象的需求。人们不仅需要实用的功能,而且需要有一定的文化内涵。有了文化底蕴,形态设计自然就会流露出品位和个性,才能引起人们心理上和情感上的共鸣,成为经典的作品。图 7-1、图 7-2 中

图 7-2 溪流水槽

设计形态

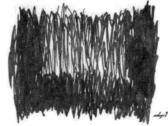

图 7-3　Tokujin Yoshioka 设计的 Cloud 沙发

所示的几款水槽形态,在确立主题的时候就加入了时尚和自然的概念,所以一下子就将人们的眼球牢牢抓住了。

2. 进一步思考和整合

进一步的思考需要理性和感性相结合。有了想法,就要迅速地在纸上画出大量的二维草图,使构思充分流露出来。提炼出抽象图形进行探索研究。选择有发展潜力的形态,用硬纸板、金属线、黏土等材料快速制作一些三维草模。灵感在这里十分重要,要捕捉住它。一旦抓住了,它便可以存在于我们的练习中并得到发展。这些通过草模发现的构思应该是对主题最直接的情感反应和视觉反应。

制作空间草模是一个不断完善和整合的过程,需要注意:建立各形体元素之间的主要轴线和运动趋势;探索最好的整体比例;确定出主导元素、次要元素和从属元素;不断调整形体和空间的关系;并从每个位置建立各个方向力的平衡。一旦我们安排好了各种元素在空间的位置,我们就可以把注意力集中在形体本身了。

在形态的创造过程中要注意形态的完整性,对外形的提炼要概括有力、简洁鲜明。简洁的外形适合加工制作,视觉冲击力强,能够起到传达信息的作用。研究元素和元素的组合方式是创造新形式的重要基础。形态的组合方式是有规律可循的,但重要的是要研究内容与形式的关系。设计中,形式与内容的关系,表现为设计概念与形式的关系。设计者通过设计概念表达构思,通过艺术形式表达设计的视觉效果,设计概念与艺术形式构成设计作品的内涵和外延(图 7-3)。

3. 与环境空间的关系

综合形态创作时,还需要考虑的一个重要因素是:将作品放在何处展示?近年来,越来越多的艺术作品走向户外和公共场所,城镇规

图 7-4　贝聿铭设计的卢佛尔宫扩建工程

划师、建筑师、政治家和企业已意识到在公共空间中展示艺术可能会增强那里的魅力。因此公共艺术有了更多的挑战，就是在塑造形体的同时，还要注意形体与环境空间的关系。

为一个特定环境设计的作品当然也必须将它的大小尺寸和特性考虑在内。接受委托的艺术家面临的挑战在于构思作品时要运用创造力，这些作品不仅本身要完美，而且与所处环境的规模和特性要有良好的关系。华裔建筑大师贝聿铭在进行卢佛尔宫扩建工程的设计时，就在金字塔的四周建造了巨大的水池。正是通过水中建筑倒影的融合，才将古典宫廷和玻璃金字塔这两种截然不同的文化交融在一起（图7-4）。

雕塑家用高度个人化的方式将他们的作品与环境联系起来。他们更多地关注自然的环境和空间。亨利·摩尔曾说过："对雕塑来说，没有比天空更好的背景了，因为你将固体形式与其相应的空间进行对比"。有了如此的观念，雕塑家们会相对独立地考虑形态的独立性，不会因为其他人造物体而分散注意力（图7-5）。

图 7-5　雕塑和环境空间的关系

设计形态

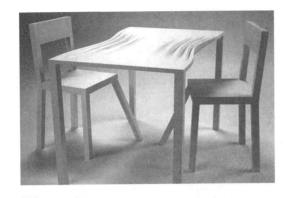

图 7-6 艺术化的产品形态

二、形态和功能

1. 形态从需求出发

传统上，纯艺术与实用艺术之间有着一道鸿沟。纯艺术，如雕塑，意味着要被人观看；而实用艺术或者功能性艺术，如建筑、室内设计、景观设计和产品设计，则意味着被人使用。虽然这些定义在理论上似乎有明显区别，但实际上两者之间的界线却并不分明（图7-6）。

现代设计从满足人们的需求出发，形式与功能之间的差别已经变得更加模糊。因为人们在使用物品的同时，也需要特别考虑审美的因素。换句话说，现代形态设计的创作必须注意到各种设计要素——形式、空间、线条、肌理、光线、色彩，以及各种设计原则——重复、多样、节奏、平衡、强调、简约、比例等。图7-7所示的各种艺术造型的邮箱做到了在好用的同时，也很好看。

形式与功能完美结合的例子常见于现代的工业设计——大量生产并具有实用功能式样的产品。包豪斯曾有这样一段名言："在艺术家与手艺人之间没有本质的差别"。形式与功能不会被当作孤立的因素考虑，而是被视为一个统一体，一个有机的整体。在注重功能的前提下，充分考虑了其审美吸引力。图7-8所示的是家具，同时也是一件件无与伦比的艺术品。

图 7-7 个性的邮箱造型

第七章 综合形态创作

图 7-8 功能和形态俱佳的综合家具设计

2. 合理就是美

在当今的信息时代，只有将形态艺术和计算机技术、现代制造工艺充分结合，才有可能创造出合理的设计形态。如图 7-9、图 7-10 所示的大桥，无论是在技术上还是在艺术上都是一流的建筑。剑桥的"数学桥"在 250 年前就展示出现代钢梁桥的雏形，其桥身相邻桁架之间均构成 11.25° 的夹角。在 18 世纪，这种设计被称为几何结构。还有自锚上承式悬带结构、混凝土结构、缆索支撑的斜拉索结构等。每一种合理的结构既安全稳固，又有抒情诗一般的优美。

不论人们的品位和价值观如何改变，某些形态作品将超越其时代而产生永恒的魅力。它们之所以成为经典之作是因为它们出色的设计——不仅表现在审美方面，而且也表现在功

图 7-9 剑桥"数学桥"

能方面。例如，包豪斯时代的家具（图 7-11）设计于 20 世纪 20 年代，但至今仍在销售，因为它们满足了不同层次的人的需要，有存在的价值。

最后请记住一句话："合理的就是美的"。

三、课题训练

1. 主题概念形态的联想和表现

联想事物,如城市、音乐、舞蹈、旅行、原子能、电流、交流等,思考如何用一种视觉形式将事物的本质表现出来,以此来培养学生的抽象感觉。

要求:用可视形态表达抽象的主题,作品尺寸控制在40cm×40cm×40cm的范围内。

图7-10 现代桥梁的合理结构

2. 形态和简单功能

针对不同的三维设计,如产品、建筑、环艺、会展、雕塑等,结合简单的功能创造新形态。

要求:用草图构思,用草模思考,用实样模型表达最终的形态效果。

图7-11 包豪斯的积木家具

参考文献

[1] 孙晶著.从常态到非常态.南京：江苏美术出版社，2003.

[2] 邬烈炎著.来自自然的形式.南京：江苏美术出版社，2003.

[3] （美）鲁道夫·阿思海姆著.艺术的心理世界.北京：中国人民大学出版社，2003.

[4] 康定斯基著.论艺术的精神.北京：中国社会科学出版社，1987.

[5] 夏征农主编.辞海.上海：上海辞书出版社，1999.

[6] （美）鲁道夫·阿思海姆著.艺术与视知觉.滕守尧，朱疆源译.成都：四川人民出版社，1998.

[7] （美）鲁道夫·阿里海姆著.视觉思维——审美直觉心理学.滕守尧译.成都：四川人民出版社，1998.

[8] 梁梅著.意大利设计.成都：四川人民出版社，2000.

[9] （日）杉浦康平著.造型的诞生.李建华，杨晶译.北京：中国青年出版社，2002.

[10] （俄）康定斯基著.康定斯基文论与作品.查立译.北京：中国社会科学出版社，2003.

[11] 王受之著.扫描与透析.北京：人民美术出版社，2001.

[12] 王受之著.现代设计史.北京：中国建筑工业出版社，2001.

[13] 杨耀著.陈增弼整理.明式家研究.北京：中国建筑工业出版社，2002.

[14] 郑建启，李翔著.设计方法学.北京：清华大学出版社，2006.

[15] 布朗·本奇著.艺术基础.马科出版公司，1994.

[16] 马克·丹尼尔·科翰著.构成主义——自然的结构渗透.雕塑，2000（1）.

[17] 张雄编.黄金分割的美学意义及其应用.自然辩证法研究，1999（11）.

[18] 杨智洁编译.体验雕塑——读解艾莉岑·怀尔丁的艺术.世界美术，2000（3）.

[19] （美）盖尔·格里特·汗娜著.设计元素.李乐山，韩琦，陈仲华译.北京：中国水利水电出版社，知识产权出版社，2003.

[20] （美）保罗·译兰斯基，玛丽·帕特·费希尔著.三维创作动力学.上海：上海人民美术出版社，2005.

后记

《设计形态》一书，从形态要素出发，研究点、线、面、体等形态的造型规律和形态创作方法，使设计初学者对形态的理性结构和综合感性有整体认知，并对形态审美原则及创作法则有系统的认识，提高对形态的敏感度，提高形态抽象能力，把握各种形态要素在不同环境中的表现内涵，并能融会贯通地进行作品的创意实践。同时，教材还重视学生通过不同材料的对比表现，突出强调材质本身所具有的形态特质。

本教材共分七章，整体章节由两位作者共同讨论，第一章至第三章以及第七章由朱曦编写，第四章至第六章由夏寸草编写。

在本书的编写过程中，得到了复旦大学上海视觉艺术学院教务长、空间与工业设计学院院长张同教授的大力支持和帮助；得到了中国建筑工业出版社的协作。本书的图例，部分选自相关书籍和网络；部分选用了复旦大学上海视觉艺术学院空间与工业设计学院本科同学的优秀作业，在编写中得到了王磊同学的协助，使编写工作得以顺利完成，在此向他们表示衷心的感谢！

由于时间关系和水平所限，本书在编写过程中出现疏漏和不足之处在所难免，敬请各院校的专家和读者批评指正。

编者

于 2009 年 5 月